普通高等教育风景园林专业系列教材

风景园林设计构成

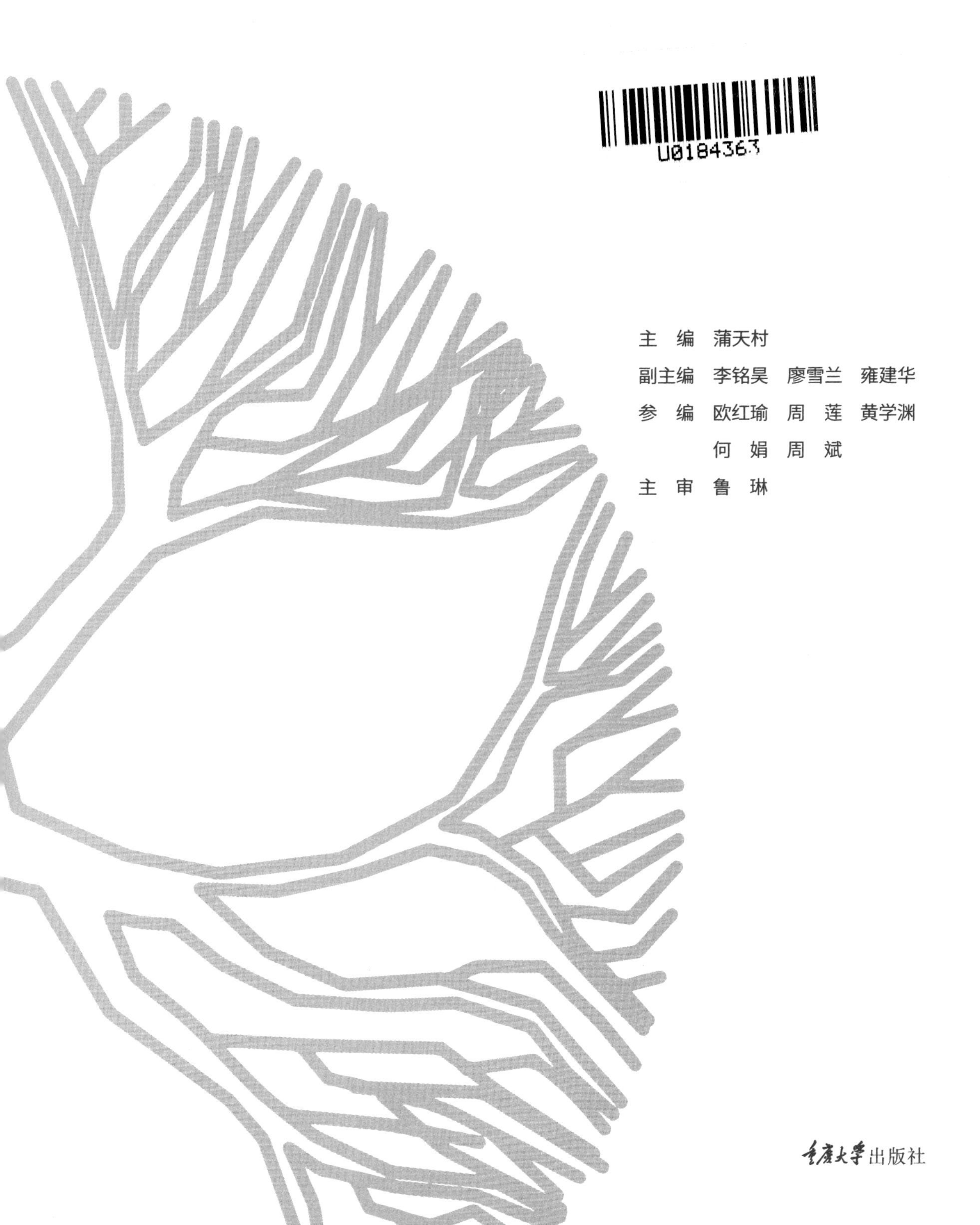

主　编　蒲天村

副主编　李铭昊　廖雪兰　雍建华

参　编　欧红瑜　周　莲　黄学渊

何　娟　周　斌

主　审　鲁　琳

重庆大学出版社

内 容 提 要

《风景园林设计构成》是一本涵盖平面构成、色彩构成、立体构成这三大构成的综合性教材，主要针对风景园林、环境艺术设计等专业的学生。

教材从构成的基本理论入手，从风景园林专业视角进行编写，强调三大构成在园林景观中的应用。全书分为3篇：第1篇平面构成，共5章，第1章平面构成概述、第2章视觉造型元素、第3章平面构成形式美法则、第4章基本形与骨骼、第5章平面构成的基本形式；第2篇色彩构成，共4章、第6章认识色彩、第7章色彩的一般原理、第8章色彩美学、第9章园林设计中的色彩应用；第3篇立体构成，共5章、第10章立体构成概述、第11章要素的构成、第12章立体构成的美学要素、第13章材料与技术、第14章构成形式与表现。全书图文并茂，通俗易懂，实例针对性强；图片丰富，除了学生优秀作业，还包括大量园林实景图片。

该教材还可作为参考书，便于学生及相关读者融会贯通。

图书在版编目(CIP)数据

风景园林设计构成 / 蒲天村主编. -- 重庆：重庆大学出版社，2022.6
普通高等教育风景园林专业系列教材
ISBN 978-7-5689-3359-9

Ⅰ. ①风… Ⅱ. ①蒲… Ⅲ. ①园林设计—高等学校—教材 Ⅳ. ①TU986.2

中国版本图书馆CIP数据核字(2022)第106252号

普通高等教育风景园林专业系列教材
风景园林设计构成
FENGJING YUANLIN SHEJI GOUCHENG
主 编 蒲天村
副主编 李铭昊 廖雪兰 雍建华
主 审 鲁 琳
责任编辑：张 婷 版式设计：张 婷
责任校对：刘志刚 责任印制：赵 晟
*
重庆大学出版社出版发行
出版人：饶帮华
社址：重庆市沙坪坝区大学城西路21号
邮编：401331
电话：(023) 88617190 88617185(中小学)
传真：(023) 88617186 88617166
网址：http://www.cqup.com.cn
邮箱：fxk@cqup.com.cn (营销中心)
全国新华书店经销
重庆长虹印务有限公司印刷
*
开本：787mm×1092mm 1/16 印张：18.75 字数：482千
2022年6月第1版 2022年6月第1次印刷
印数：1—3 000
ISBN 978-7-5689-3359-9 定价：69.00元

编　委

主　编:蒲天村　四川农业大学

副主编:李铭昊　四川农业大学

廖雪兰　西华师范大学

雍建华　重庆工商大学

参　编:欧红瑜　四川农业大学

周　莲　四川农业大学

黄学渊　四川农业大学

何　娟　四川农业大学

周　斌　四川农业大学

总 序

风景园林学，这门古老而又常新的学科，正以崭新的姿态迎接未来。

“风景园林学”（Landscape Architecture）是规划、设计、保护、建设和管理户外自然和人工环境的学科。其核心内容是户外空间营造，根本使命是协调人与自然之间的环境关系。回顾已经走过的历史，风景园林已持续存在数千年，从史前文明时期的“筑土为坛”“列石为阵”，到21世纪的绿色基础设施、都市景观主义和低碳节约型园林，它们都有一个共同的特点，就是与人们对生存环境的质量追求息息相关。无论东西方，都遵循着一个共同规律，当社会经济高速发展之时，就是风景园林大展宏图之日。

今天，随着城市化进程的飞速发展，人们对生存环境的要求也越来越高，不仅注重建筑本身，而且更加关注户外空间的营造。休闲意识的增强和休闲时代的来临，使风景名胜区和旅游度假区保护与开发的矛盾日益加大；滨水地区的开发随着城市形象的提档升级受到越来越多的关注；代表城市需求和城市形象的广场、公园、步行街等城市公共开放空间大量兴建；居住区环境景观设计的要求越来越高；城市道路在满足交通需求的前提下景观功能逐步被强调……这些都明确显示，社会需要风景园林人才。

自1951年清华大学与原北京农业大学联合设立“造园组”开始，中国现代风景园林学科已有59年的发展历史。据统计，2009年我国共有184个本科专业培养点。但是，由于本学科的专业设置分属工学门类建筑学一级学科下城市规划与设计二级学科的研究方向和农学门类林学一级学科下园林植物与观赏园艺二级学科；同时，本学科的本科名称又分别有园林、风景园林、景观建筑设计、景观学等，加之社会上从事风景园林行业的人员复杂的专业背景，使得人们对这个学科的认知一度呈现出较混乱的局面。

然而，随着社会的进步和发展，学科发展越来越受到高度关注，业界普遍认为应该集中精力调整与发展学科建设，培养更多更好的适应社会需求的专业人才，于是“风景园林”作为专业名称得到了共识。为了贯彻《中共中央国务院关于深化教育改革全面推进素质教育的决定》的精神，促进风景园林学科人才培养走上规范化的轨道，推进风景园林专业的“融合、一体化”进程，拓宽和深化专业教学内容，满足现代化城市建设的具体要求，编写一套适合新时代风景园林专业高等学校教学需要的系列教材是十分必要的。

重庆大学出版社从2007年开始跟踪、调研全国风景园林专业的教学状况，2008年决定启动“普通高等学校风景园林专业系列教材”的编写工作，并于2008年12月组织召开了普通高等学校风景园林类专业系列教材编写研讨会。研讨会汇集南北各地园林、景观、环境艺术领域的专业教师，就风景园林类专业的教学状况、教材大纲等进行交流和研讨，为确保系列教材的编写质量与顺利出版奠定了基础。经过重庆大学出版社和主编们两年多的精心策划，以及广大参编人员的精诚协作与不懈努力，“普通高等教育风景园林专业系列教材”于2011年陆续问世，真是可喜可贺！

这套系列教材的编写广泛吸收了有关专家、教师及风景园林工作者的意见和建议，立足于培养具有综合创新能力的普通本科风景园林专业人才，精心选择内容，既考虑了相关知识和技能的科学体系的全面系统性，又结合了广大编写人员多年来教学与规划设计的实践经验，并汲取国内外最新研究成果编写而成。教材理论深度合适，注重对实践经验与成就的推介，内容翔实，图文并茂，是一套风景园林学科领域内的详尽、系统的教学系列用书，具有较高的学术价值和实用价值。这套系列教材适应性广，不仅可供风景园林及相关专业学生学习风景园林理论知识与专业技能使用，也是专业工作者和广大业余爱好者学习专业基础理论、提高设计能力的有效参考书。

相信这套系列教材的出版，能更好地适应我国风景园林事业发展的需要，能为推动我国风景园林学科的建设、提高风景园林教育总体水平起到积极的作用。

愿风景园林之树常青！

编委会主任　杜春兰

编委会副主任　陈其兵

2010年9月

前 言

——构成的力量

这本教材其实在心里酝酿了很多年，从美院毕业后第一次接触风景园林那天开始，从构成的日常教学中开始，从学生平时的练习里开始……

如果风景园林是大厦，构成就是基石，它的设置直接关乎学生对于后续课程的接受程度和对设计技巧的领悟。如建筑设计的立面造型到建筑的体块关系、园林平面布局到设计要素的空间组合、景观雕塑点线面的变化、景观色彩的搭配艺术，等等，无一不是构成知识在实际设计中的充分应用。本人曾亲身经历风景园林在国内高等教育中的飞速发展，三大构成即平面构成、色彩构成、立体构成，逐渐成为重要的基础课程。在使用功能满足的前提下，构成如何与风景园林发生更纯粹更直接的联系，为园林设计锦上添花，是我思考多年的问题。

市面上已有的三大构成教材大多分为三册，分别是平面构成、色彩构成、立体构成，书中图例、练习及文字内容主要针对广告、纺织、包装、书籍、产品设计等领域，与风景园林结合不紧密。构成教学内容相对抽象，对构成原理和形式法则的训练容易停留在纯粹点线面阶段。如果教材与专业课关联性存在一定跨度，没有结合风景园林专业来引导学生进入实际应用的学习，就会让学生对课程设置目的不明确，不知道学这门课对本专业有何作用，从而导致学生只是善于模仿而拙于创造。因此，针对风景园林来说，迫切需要一本结合本专业特点、有针对性的构成教材。

本教材涵盖三大构成，整体性系统性强，适合风景园林、室内设计、环境艺术等多个专业方向，书中文字详细且浅显易懂，图片丰富。书中图片包括本人与各参编老师在多年教学实践中保存的学生优秀作业及中外经典作品，还包括构成在园林中的各种实际应用案例，信息量大，便于学生在练习时借鉴和受到启发。构成练习并不是闭门造车，一定要跟学生强调怎样从优秀作品中汲取养分，用在自己的设计中。

本书共分为 3 篇。第 1 篇平面构成，由四川农业大学蒲天村老师编写；第 2 篇色彩构成，由西华师范大学廖雪兰老师编写；第 3 篇立体构成，由四川农业大学李铭昊老师编写。重庆工商大学雍建华老师参与教材修改；四川农业大学何娟老师、周斌老师为本教材提供了部分图片；四川农业大学 2021 届风景园林研究生周莲、黄学渊，2023 届风景园林研究生欧红瑜参与图片收集整理。

由于编者水平有限，疏漏与错误之处在所难免，恳请专家及读者予以批评指正。

蒲天村

2021 年 10 月

目 录

第1篇　平面构成

1　平面构成概述

2　视觉造型元素

3　平面构成形式美法则

4　基本形与骨骼

5　平面构成的基本形式

第 1 篇

平面构成

1 平面构成概述

1.1 平面构成的起源

"构成"来自建筑学,意为建造、组成、造型,20 世纪初被欧洲的现代艺术流派所借用。纵观西方设计史,平面构成概念是在各种艺术风格流派的不断演变中建立与发展起来的。毕加索在 1907 年创作的《亚威农少女》(图 1.1),是平面构成理念在艺术作品中的初次体现。不同于以往的单角度写实表现手法,其采用多角度观察人物的方式,将不同侧面融合在单一平面中,以此来表达完整的人物形象。这种结构上的解析,不仅是毕加索个人艺术历程的重大转折,更引发了西方现代艺术史上革命性变革,预示着立体派的诞生(图 1.2—图 1.6)。其后,平面构成概念更是经历了荷兰风格派、俄国构成主义,直至德国包豪斯设计学院时期才形成了具有一定理论基础与实践基础的知识体系。

图 1.1 毕加索作品 1

图 1.2 毕加索作品 2

图 1.3 毕加索作品 3

图 1.4 毕加索作品 4

图 1.5 布拉克作品

图 1.6 洛特作品

风格派于 1917 年诞生于荷兰。其作品多以几何造型为主,拒绝使用具象元素,主张用纯粹简化的抽象形来表达艺术理念,如蒙德里安的作品,以独特的水平线与直线分割、原色与非原色的组合形成极简的画面(图 1.7、图 1.8)。杜斯伯格是荷兰风格派另一重要代表人物,他与蒙德里安绘画理念不谋而合,都是对现实的彻底抽象(图 1.9—图 1.11)。

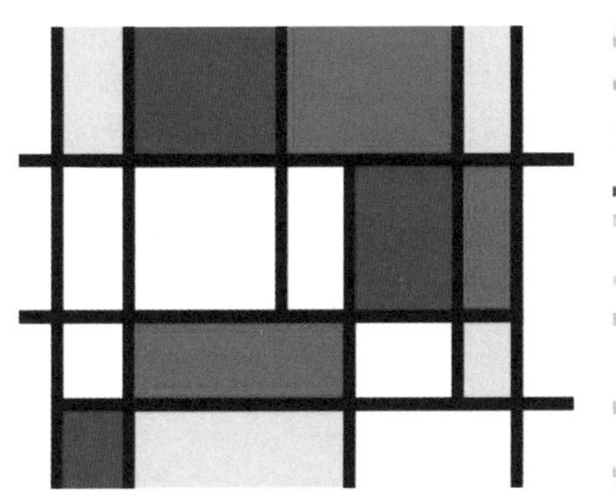

图 1.7 蒙德里安作品 1

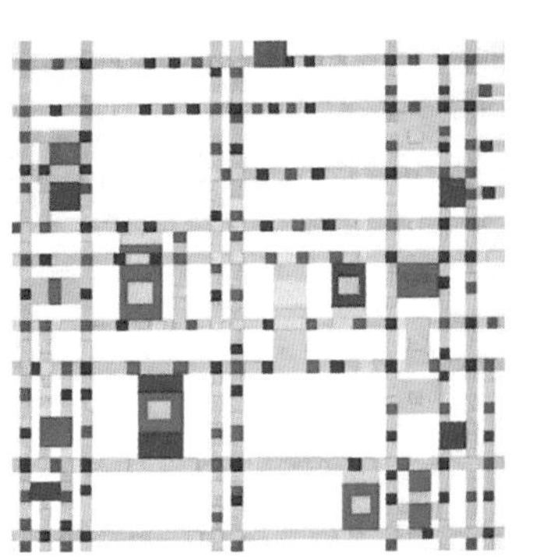

图 1.8 蒙德里安作品 2

图1.9　杜斯伯格作品1

图1.10　杜斯伯格作品2

图1.11　杜斯伯格作品3

俄国构成主义否认艺术绘画的再现性，认为艺术的形式应是抽象的几何形式，主张用长方形、圆形、直线等构成半抽象或抽象的画面和雕塑，以表现自由的单纯结构及结构自身，切断艺术与自然物象的一切联系，从而创造出一种纯粹的或者绝对的形式艺术（图1.12—图1.15）。

图1.12　利西茨基作品

图1.13　马列维奇作品

图 1.14　康定斯基作品 1

图 1.15　康定斯基作品 2

包豪斯设计学院于 1919 年在德国创建，是世界上第一所完全为发展设计教育而建立的学院。它集中了 20 世纪初欧洲各国对艺术设计的新探索和试验成果，特别是俄国构成主义和荷兰风格派运动的成果，并加以发展和完善，成为欧洲现代主义设计的中心，并在设计教育和设计艺术两方面产生了具有深远历史意义的巨大影响。包豪斯把当时的一些艺术家如伊顿、康定斯基、克利、蒙德里安等聘为教师，从他们的绘画作品来看，都摒弃了传统的写实（图 1.16—图 1.21），在教学实践过程中逐步形成平面构成、色彩构成、立体构成的教学体系。平面构成从此成为设计基础中的基础，成为现代设计的重要组成部分，并广泛应用于平面广告设计、建筑设计、室内设计、造型设计、包装设计、纺织品设计、园林景观设计等众多领域。

图 1.16　康定斯基作品 3

图 1.17　康定斯基作品 4

图1.18　伊顿作品1

图1.19　伊顿作品2

图1.20　克利作品1

图1.21　克利作品2

1.2　平面构成的概念

平面构成是三大构成的基础，是设计中最基础的训练，目的是把点、线、面等元素在二维空间按照形式美法则进行编排和组合，从而形成具有强烈形式美感的画面。

平面构成不是具体物象的艺术再现,而是反映自然现象的运动规律、形式美法则和组织结构的构成形式。平面构成不是机械化的、教条化的,它既强调形态之间的比例、平衡、对比、节奏等,又强调形态对观者所传达的视觉感受和心理反应,具有美的价值取向。

1.3 平面构成课程的教学目标

平面构成课程主要培养学生在二维空间内的基本造型能力、设计创意能力、构思表现能力和视觉审美能力。强调与学生的专业方向相结合,把构成教学用于具体的专业设计中,避免停留在纯粹点线面构成阶段,让学生摆脱只是善于模仿而拙于创造、对课程设置目的认识模糊、不知道学这门课对专业有何作用的困境。

1.4 平面构成与风景园林的关系

最初的传统园林设计“师法大自然”,不强调人为设计的造景手法,强调自然美,强调设计与自然地貌统一,强调景观要素以自然要素为基础,忽略形式美。相对建筑设计、平面设计、工业设计等其他设计来说,园林设计对新思想的接受则显得更为迟钝和落后。当现代主义运动开展得如火如荼时,园林的参与始终是温和的,虽然并未形成自己特有的现代主义原则和系统的理论,但从现代艺术中吸取了大量的思想,并形成了与传统园林截然不同的现代主义园林风格。

风景园林和平面构成从来都是不能分开的整体。如果把园林和平面构成截然分开,园林就仅仅是功能上能满足需求的极端物质化的载体而已。而平面构成则把园林上升到美学的高度,可以说,平面构成是对园林的包装。当审美与致用相结合时,设计作品才算得上上乘之作。

纵观艺术的发展史,从写实到抽象,从架上到架下,各种各样的流派对园林设计发展有着深远的影响。如达达主义、波普主义,对废旧材料的重新解构,对生态主义设计产生了重要的影响;如抽象主义,把世间万物抽象成点线面来解读,对园林几何化、抽象化、图案化有着举足轻重的作用;如极简主义,追求简单到极致的设计风格,去繁就简的高级智慧,它对自然抽象提炼的设计方法,使园林走向现代主义;还有装置艺术、大地艺术,对园林设计的影响更为直接全面。综上所述,园林和艺术都属于大美术的概念,它们的区别只是工具的不同。当然,艺术不是阳春白雪,只可远观不能近玩,艺术只有实用化才可以有效避免曲高和寡的局面。现代主义园林设计,摒弃传统积习,从艺术中拿来丰富的形式语言,用艺术的手法美化景观,是艺术实用化、景观艺术化最直接的体现。

平面构成从各种艺术流派的发展中演变而来,与艺术结合更为紧密。风景园林中的平面构成,主要针对园林平面布局如总平图、局部平面图,把那些造园元素,(如花草树木、亭台楼榭等)归纳为点、线、面,在功能满足的前提下,按照形式美的法则排列组合,把地面空间分割完。在这一过程中,那些代表概念的松散的点、线、面元素将通过平面构成艺术法则变成具体的形状,可辨认的物体将会出现,实际的园林空间将会形成,精确的边界将被绘出。平面构成还有对园林其他各种二维空间的形式表达,如地面铺装、外立面等,解决的是二维空间园林设计的形式美感。在这一过程中,通过点、线、面美学来表达园林空间中三维造型要素在景观平面设计中的平面造型、相对位置和关系，使园林设计的表达更加合理，艺术效果更好。

课程作业

题目：如何理解平面构成与现代设计的联系？学习平面构成对本专业有何作用？

要求：题目自拟，字数3 000字左右论文，图文并茂，课堂讨论，以PPT辅助展示。

2 视觉造型元素

点、线、面是最基本的造型元素,是表现视觉形象最基本的设计语言。任何设计实践活动都可以归结为点、线、面的美学实践,即平面构成。平面构成就是研究点、线、面美学的艺术实践活动,是点、线、面在艺术设计中运用的理论基础。

自然界的万物都可抽象概括成点、线、面。点、线、面充斥于任何一张画、任何一幅设计中,风景园林设计也不例外。点可以是一棵树、一盆花、一个凳子、一座花坛、一块铺装;线可以是一条小径、一字排开的植物、一溜绵延的水景;面可以是一片草坪、一丛花、一群灌木、一组建筑群落。点线面的构成形成多样的景观样式,给人以美的艺术感受。

2.1 点

2.1.1 点的概念

几何学中的点,只有位置,没有大小。在平面构成中,点的范围更广,点不仅有大小,还有形状。点是在一个相对的环境里对比存在的,只要在这个范围内,面积体积小、长度短的都可看作是点,所以点没有固定大小,没有固定形状。从形状上来说,圆形的点,点的感觉最强烈;从大小来说,在肉眼看得清楚的情况下,面积、体积越小的点,点的感觉越强烈(图 2.1)。

(a) (b) (c) (d) (e) (f) (g) (h)

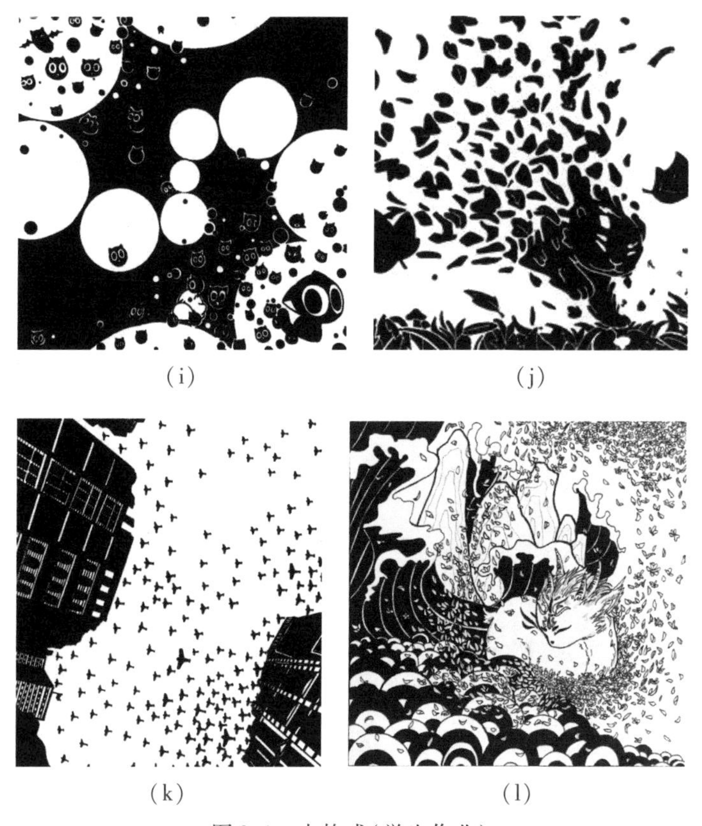

(i) (j)

(k) (l)

图2.1 点构成(学生作业)

2.1.2 点的作用

点既是视觉停留的泊站,又是视觉跳动的踏板。点在空间中的位置、数量、大小上的不同,带给观者的感受差别较大。画面中如果只有少许的点,点具有活跃空间气氛的作用;画面中有很多点,点具有丰富画面的作用。在具体的设计中,点可以通过不同构成方式,形成多样性的视觉表现和审美情趣。点的排列方式一般分为两大类,即有序排列和无序排列。点的有序排列主要指点以某种规律化的方式重复、排列和变化,形成一种强烈的逻辑关系和秩序美感。不同于点的有序排列,无序排列更自由更奔放。点的随意性、非规律变化,是感性、活泼、生动、有趣的集中体现。点的具体作用有以下方面:

1)突出中心

点在现代艺术及其构成设计中,其造型特征是极其丰富的。设计师总是利用点的疏密、大小、明暗、层次、空间、位置、色彩等变化对点进行精心安排,使之在构成关系中扮演着生动多姿、神奇美丽的角色。当二维空间只有单个或少数点时,点与背景产生一定的空间层次,点具有内敛的属性,使观者心理上产生一种无形的向心力,并将视线吸引过来,将视线停留在这个视觉焦点上。所以,突出的点具有集中、引人注目的功能,往往可以以一当十,在平面设计中起到画龙点睛的作用(图2.2—图2.4)。

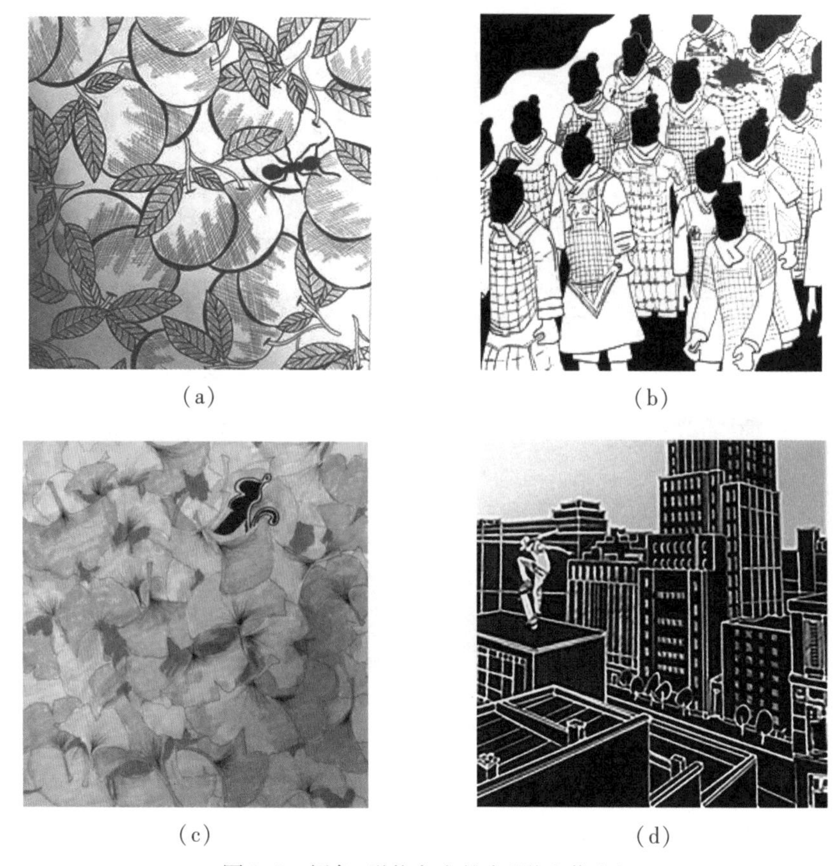

(a) (b) (c) (d)

图 2.2　颜色、形状突出的点(学生作业)

图 2.3　平面广告中形状、颜色突出的点

图 2.4　形状突出的点(学生作业)

2)活跃空间

以点塑造景观,增加了新的造型形态,使设计更加活泼多姿。点以它的特质,给观者以轻松跳跃的美感,成为造型艺术中最灵活、最基本的元素。大小不同的点无秩序排列则使点具有一定的独立性,表现出丰富而涣散的视觉效果。例如,在草坪中零散布置的黄杨球(图 2.5)、地面铺装上零散的点(图 2.6)、三三两两的路灯(图 2.7)、树上的果实(图 2.8),这种无秩序排列能

丰富空间变化,起到活跃气氛的作用。在图2.9、图2.10中,草坪以点的方式分布于墙面、地面。它们大小不一,高低错落,或聚或散,点缀其中,小巧、轻柔,摒弃花哨夸张的堆砌,采用极简的现代手法,以现代极致为追求,感官上简约整洁,塑造了一个个丰富活泼的微地形景观,以不拘一格的形式吸引着观者的视线。这些翠绿的小草在整个空间里翻转腾挪,鲜亮的草绿色充满观者的眼睛。这时的草坪不仅仅是草坪,还成为活跃空间气氛的装饰和点缀,展示了抽象与概括的力量,有令人惊艳的炫目的美。

图2.5 屋顶绿化

图2.6 日本地面铺装"瓦海"

图2.7 鲜艳的点状路灯

图2.8 夸张的水果装置

图2.9 美国 Minneapolis 广场

图2.10 点状绿化

3)丰富画面

点很小,是画面的细节,细节越多,画面越丰富。点聚拢在一堆,形成一定的面积,和实心的或空心的面积相比,无数细小的各种各样的点或整齐排列,或自由聚集来围合空间,更生动、更丰富。日本艺术家草间弥生作品总是围绕圆点展开,这些圆点组成一个个具象形,丰富了整个画面空间(图2.11)。草间弥生还把圆点艺术从架上走到架下,衍生在建筑外立面的装饰上(图2.12)。在她手中,这些圆点成了一种运动,一种表达,在无限的重复中赋予活力,也许就是它们经久不衰、风格永存的秘密。

(a)

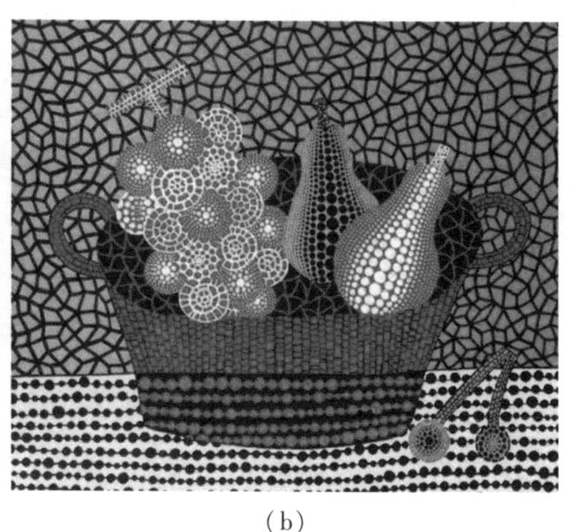
(b)

图2.11　草间弥生作品

地面铺装是风景园林的造园元素之一,在铺装上,用无数的脚印作为点来丰富地面空间(图2.13)。图2.14以点的疏密形成二维空间上的虚实关系,达到别具一格、虚实相间的艺术效果。在建筑立面设计中,窗户作为点的构成元素,可以是圆形、方形、三角形、不规则形等。通过窗户的形状、大小、数量、空间排列方式等变化,可以营造出千差万别的立面效果,是建筑师设计建筑立面造型的主要手段,立面因为这些点丰富起来(图2.15、图2.16)。

图2.12　草间弥生作品在建筑上的运用

图2.13　蒙特利尔金色之舞广场

(a)

(b)

图 2.14 Kaldor 公共艺术

图 2.15 无序的点状窗户

图 2.16 密集的点状窗户

2.1.3 点在风景园林中的应用

点作为景观形态的最小单位,有面积,有体积,有颜色,有质感,还有具体的形态。例如一棵棵树,又如盆栽、置石、树木等,在总平图或局部平面图里一般以点的形式存在(图 2.17、图 2.18)。在大的总体园林规划布局中,以景点分布来控制全局,重点突出,疏密有致。景点在注重聚的同时,也注重散,聚散有致,动静结合,既避免过分集中,又有疏散功能,形成丰富多彩的景观效果。从小的景观节点来说,点可以出现在任何景观节点任何空间。可以说,点在园林景观中俯首皆是,随处可见,既可成为视觉焦点,又可活跃、丰富空间。点就如无处不在的精灵,连接、点缀、灵动一个个景观节点。(图 2.19—图 2.40)。

点有规律地重复排列或有序地渐变,会产生秩序感,使人更加注重点与点的整体美关系。点聚集到一定长度,形成虚线,聚集到一定面积,形成虚面,呈现出特殊视觉效果,有助于丰富画面层次。

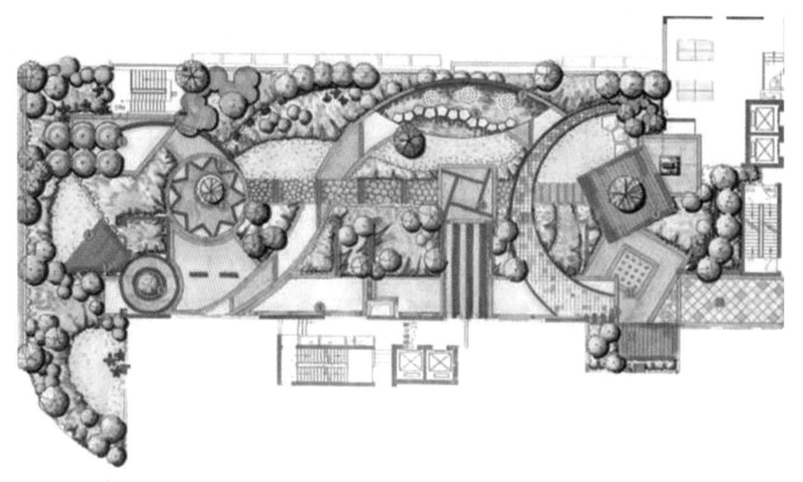

图 2.17　园林总平图中的点

图 2.18　局部平面图中的点

图 2.19　草坪里的点

图 2.20　树上的点装置

图 2.21　点状景观灯

图 2.22　现代建筑立面中的点

图 2.23 西班牙广场景观

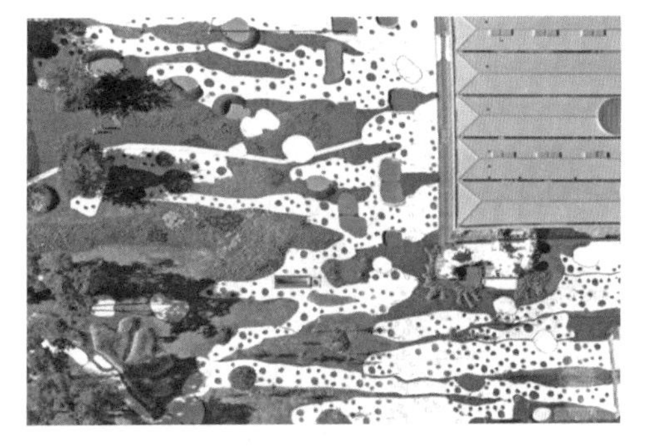

图 2.24 法国卢浮宫朗斯博物馆公园

(a)

(b)

图 2.25 美国园林景观

图 2.26 点状地面装置

图 2.27 地面铺装中的点

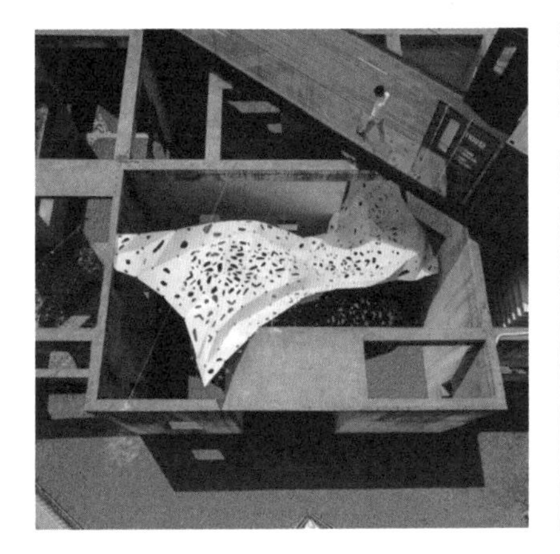

图 2.28 建筑顶面上的点

图 2.29 建筑立面上的点

图 2.30　草坪上立体的点

图 2.31　景观小品上圆形的点

图 2.32　插花中的点

图 2.33　圆点装饰

(a)

(b)

(c)

图 2.34　建筑外立面上的点状窗户

图 2.35　建筑外立面凸出的点

图 2.36　墙面装饰

图 2.37　城市抽象雕塑

图 2.38　景观廊

图 2.39　公共空间装置艺术

图 2.40　法国城市客厅装置

例如,道路两边的行道树、绕场地四周方向摆放的大型石头或排植乔木,使空间的围合更有线的神韵,在总平图上,又是线的点化,避免了视线在道路两侧一览无余、平铺直叙的景观直白感,同时也可形成立面上的绿化,有层次感,有韵律感,也更加动人。“知”美术馆外立面的瓦(图2.41)、地面装置高低起伏排列的点(图2.42)、墨西哥咖啡杯门户(图2.43),形成造型各异的虚面。与具体的实线或实面相比,由点形成的线、面更加柔和、抒情,使点线与面处于若隐若现的视觉效果。图2.44 中几个大的点穿插其中,位置特殊,是视觉的焦点,也是构图的重点,容易引起观者注意,对比强烈,视觉冲击力大。图2.45 美国剑桥中心屋顶花园是一次大胆的艺术尝试:整个空间由明确的点线面构成,形式感强烈;主要的点靠地面铺装来实现,白色的点与深色的地面形成强烈对比,光彩照人,引人入胜。

图 2.41　“知”美术馆

图 2.42　城市装置

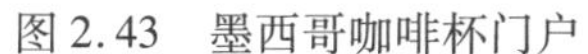

图 2.43 墨西哥咖啡杯门户

图 2.44 圆形步石

图 2.45 美国剑桥中心屋顶花园

2.2 线

2.2.1 线的概念

线是一种表现力极强的视觉形态,同点的性质一样,线是在一个相对的环境里对比存在的。在同一个范围内,面积体积小、长度长的是线。线的宽度与长度的比值越大,特征越强,反之,特征越弱。线没有固定大小,没有固定形状。线在表现形式上有粗细、曲直、流畅、顿挫、浓淡等之分,其视觉特征的多样化提供了富于表现力的造型手段。

2.2.2 线的分类

线分为直线和曲线。

1）直线

直线简洁明朗、坚硬有力、单纯直接、庄重大方、严肃理性、生硬、男性化（图 2.46—图 2.49）。在景观设计中，直线性别模糊。

（1）垂直线

垂直线严肃崇高，顶天立地。

（2）水平线

水平线永久和平，静止平稳。

（3）斜线

斜线重心不稳，动感强烈。

（4）折线

折线起伏不定，动荡不安。

图 2.46　自由折线

图 2.47　垂直线、水平线粗细对比

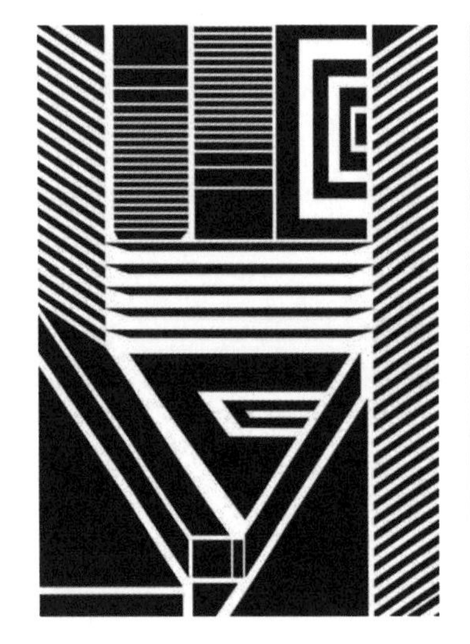

图 2.48　斜线、水平线对比

图 2.49　直线形成的不同明度的面

2)曲线

曲线婉转、柔和、和谐、优雅、感性、生动、有韵味、女性化。在景观设计中,曲线性别模糊。曲线分为几何曲线和自由曲线。

(1)几何曲线

几何曲线是用绘图工具画出的曲线,可用某种方程式描述,精确、严谨、有秩序、理性化,在施工图上容易标注尺寸(图2.50)。

(2)自由曲线

自由曲线是指不采用绘图工具,随意画出来的曲线。它变化多端、轻松活泼,个性、随性、感性。但在施工图上对其标注尺寸麻烦,用经纬格标注,没有几何曲线精确严谨(图2.51)。

(a)

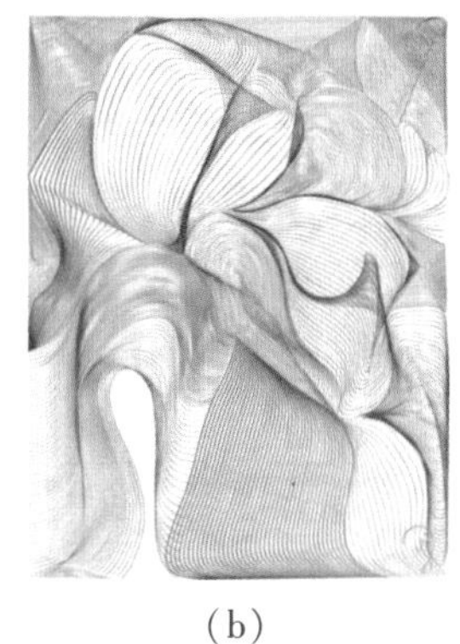

(b)

图2.50　几何曲线

(a)

(b)

图2.51　自由曲线

2.2.3 线的作用

1)分割空间

分割是把一个限定空间按照一定的方法分成若干形态,形成新的整体形态。分割是对体量的切分,把整体分割成部分,可以起到划分空间的作用。分割不是截然分开,分割是个体与个体、个体与整体之间的有机联系。分割既可以体现严谨的数理关系,也可使用随心所欲的分割方式。随意分割更强调分割面积的大小比例、相互错落、纵横交替等,特别注重均衡感、稳定感以及对整体节奏感的把握。线是最主要的分割造型元素。在长、宽、高不变的空间里,用交错而有致的线条分割出多个单元,形状和大小各异,将原本平淡的空间变得饶有趣味,使静态而单一的空间展现出视觉上层次的多变。

设计师以崭新的、敏锐的视觉设计能力,用线把一个大的地面空间划分成一个个小空间,上面覆盖青青绿草,还有绿树点缀,丰富了地面形态的同时又活跃了空间气氛。线既是分割线,又是路,两者合一。草坪的绿色与浅色的路在颜色上的对比传达出明快与线条感强烈的风格,整个景观弥漫着鲜活的气息和线条跳跃的灵气。(图 2.52—图 2.55)

图 2.52　加拿大密西沙加学院公园

图 2.53　德国玻璃立方体展览馆

图 2.54　西班牙阿里肯特电车站

图 2.55　美国伯纳特公园

2)装饰空间

装饰指对物体进行艺术加工,修饰美化。它必须与所装饰的客体有机结合,成为统一、和谐的整体,以便丰富形象,扩大艺术表现力,加强审美效果。装饰从形式上看,是一种物质创造活动,但究其实质却是一种艺术创造活动和审美欣赏活动。装饰设计不但要实现物体本身的使用功能,还应遵循美学法则,从而创造出富有个性而且优美的环境。

现代主义园林设计,摒弃传统积习,从艺术上吸取了丰富的形式语言,用艺术的手法装饰景观,是艺术实用化、景观艺术化最直接的体现。巴西景观设计师布雷·马克斯擅长用抽象的点线面作为绘画语言,和景观相结合,以景观材料为工具在大地上画画,将现代艺术在景观中的装饰作用发挥得淋漓尽致(图 2.56)。他的景观不仅仅是二维的、绘画的,更是由空间、体积和形状构成的。欧洲古典园林,讲究对称工整,强调工艺与园艺及几何图案之美,装饰在这样观赏性的景观中起到举足轻重的作用。装饰空间界定了一个人造的和非自然的环境,打破了景观自然化的单一格局,使设计有了无限的可能。

(a)

(b)

图 2.56 巴西海滨大道

线因自身的弯曲程度或长短、粗细、疏密等不同而具有极强的装饰性。线条作为装饰美最重要的造型元素,在园林设计中广泛存在,如用于地面铺装、景观物的外立面等。将线的物质功能削弱,通过线的变化或规则不规则的排列,展示了抽象与概括的力量,有令人惊艳的炫目的美(图 2.57—图 2.61)。通过严格的逻辑思维,将数理原理与形式美的观念相结合,可使景观装饰有数学之美和秩序之美的韵律美感(图 2.62)。

(a)

(b)

图 2.57　斑斓的地面铺装

图 2.58　马路上的编织花纹

图 2.59　花田装饰

图 2.60　草坪装饰

图 2.61　丹麦线性公园

图 2.62　地面铺装中的线

3)传达情感

线构成的画面,情绪表达非常丰富,比点更具有强烈的感情性格。线在园林设计中既是景观造型构筑物具体内容的物象表达,也是人心理、精神上的情境表达。线不是冷冰冰的或抽象的几何形状,它既是理性的又是感性的,各种样式的线条放在不同语境、不同场景下会有不同的气质和内涵,给观者以不同的心理联想。直线简洁大方、坚硬有力、单纯直接,以壮美直线为造型元素设计的景观有力度、清晰、锐利、棱角分明;斜线有重心不稳的动感;折线有动荡的高低起伏的焦灼感;水平线与垂直线庄重正式、严肃大方、宁静祥和;垂直线还能使景观物产生上升的感觉、直抒胸臆的情怀和生机勃勃的气息。曲线以柔为美,生动、活泼、优雅、流畅、轻快、婉转,蜿蜒的曲线是园林设计中应用较为广泛的一种形式。不同的曲线形态对空间产生非常大的影响,蜿蜒曲线柔美、优雅、轻松,动感的婀娜多变的自然姿态往往可以给空间带来戏剧性效果。

线永远是塑造形体、表现体积空间,以及传达情感最主要的明确有力的手段。线在园林中不单纯是以造型的不同来表达不同的艺术概念,它在造型的创意表达中同样也有着精神情感方面的隐喻与暗示。我们相信艺术、精神层面所彰显出来的感染力和识别力,比起纯粹感官的猎奇和刺激,将会来得更为有效、深刻和持久。

解构主义大师里勃斯金德设计的犹太人博物馆(图2.63),对线在设计中的灵魂作用做了最好诠释。该建筑群落以蜿蜒曲折的折线连接排列,寓示犹太人走过的一条充满荆棘、动荡的坎坷之路。在建筑外墙和地面大量穿插倾斜的直线,将破碎的记忆、痛苦的挣扎通过墙面与地面上不规则的仿佛被撕裂的伤口赤裸裸地展示出来,让观者体会到建筑传达的强大精神力量。线在这些矛盾冲突、破碎片段中无声而有力地诉说着犹太人受过的屈辱和伤害,震撼人心。汶川地震纪念馆主体建筑名为“裂缝”(图2.64),寓意将灾难时刻闪电般定格在大地之间,留给后人永恒的记忆。整个建筑造型以大地景观的手法,利用自由的折线,通过地面切割、抬升,形成主要的建筑体量,并通过下沉广场和步道向外延伸,与平缓的草坡融为一体,局部翘起露出地面,寓意新生和希望。这些设计作品形式上的残缺与破碎、肢解与分离,只是作为一个躯壳,直刺人心的是作品的心灵诉求和意义表达。

(a)　(b)　(c)　(d)

图 2.63　柏林犹太人博物馆

图 2.64　汶川地震纪念馆

2.2.4 线在风景园林中的应用

点移动的轨迹即是线。在园林设计中,线的抽象形式可表现在园路、台阶、建筑外立面、植物线型种植、地面铺装、装置、雕塑、灯柱、景观桌椅等内容上。在线的世界里,曲折、粗细、长短、浓淡都能为设计师提供多样化的视觉特征和富于表现力的创作手段,因此线以各种各样的姿态成了现代园林造型元素中的中坚力量。越来越多的设计使线有着奇特、鲜明、强烈的造型特色,有着超越客观自然的表现力量,更有着驾驭形式、激发想象的无限可能。不同线形相互配合的总体效果构成了异彩纷呈的园林艺术形象,给观者带来一场不同语境不同知觉不同美感的视觉盛宴。

在具体设计中,一字排开的植物可以以线的形状来实现。植物排成直线,简洁抽象,有力度,富有张力;排成斜线,不安定,具有运动与速度的特征;排成曲线,柔和、优美,富有旋律感;形成几何曲线,精密、严谨,富有理性和现代感;形成自由曲线,流畅、抒情,具很强的偶然性。生动的景观悄然延续着弧形线条的平滑视感和灵动的造型特点,线化的草坪以美妙的节奏和韵律展示了无限的生命活力(图2.65—图2.68)。在这里,草坪是行云流水的曲线流动空间,完美彰显现代都市流动灵性下品质与诗意的统一(图2.69、图2.70)。

图2.65 奢香古镇梯田

图2.66 扎哈·哈迪德作品

图2.67 沈阳华润公元九里示范区

图2.68 成都如意桥

图2.69　线化草坪

图2.70　布雷·马克斯作品

在园林总平面图里，道路是最主要的线条。道路大多以线的方式延续，它既分割地面空间，同时又具有各个空间的交通组织功能。直线形的路，方向感强，具有十分强烈的纵向延伸感，在引导人流上有十分重要的作用；曲线形的路，延长了游览路径，迂回扩展了有限空间，既曲而达，引人入胜。路曲中有直，曲折有度。曲径所通的幽境，是曲线中的一段或一点，是使风景曲而藏之，不直接露出来（图2.71）。图2.72—图2.78采用超现代的艺术化设计手法，尝试将单一线形空间与场景空间结合，线形空间的穿插极具灵动性和创意感，有效规避单一、乏味的空间，使处处充斥着强烈的艺术感。

图2.71　园路

图2.72　斜线装置

图2.73　自由直线分割地面空间

图2.74　曲线分割空间

图 2.75 线形装置在景观中应用

图 2.76 景观中的自由曲线

图 2.77 动感强烈的曲线装置

图 2.78 蓝色森林装置

在铺装艺术造型中，在有限的空间内把材质、图形巧妙地配置起来，形成一个割而不断、分而不离的整体，可以通过分割从局部到整体周密排布，以达到地面铺装的形式美。地面铺装是实现线条设计的有力手段。或直线或曲线，或粗或细，线条在地面形象异彩纷呈，装饰美化地面空间（图 2.79—图 2.82）。

图 2.79 几何曲线铺装

图 2.80 鲜艳的直线装置

图 2.81　彩色线条铺装

图 2.82　白色线条铺装

在园林中,线以新颖独特的艺术造型与设施完美结合,成为使用功能明确的景观艺术品,并融入整体或局部环境布局中,蜕变惊人(图 2.83—图 2.89)。景观雕塑在现代园林设计中占有举足轻重的地位,不但可以美化景观,而且可以烘托主题。用各种线条呈现的雕塑或装置姿态优美、耐人寻味(图 2.90—图 2.94)。图 2.95—图 2.102 是北京土人景观与建筑规划设计研究院的设计作品,鲜艳的线条四处流淌,非同凡响。在这些匠心独运的设计中,设计师所关注的不仅仅是线本身的优美或是其带来的自然与规则之争,而更多是由这些变化的线相互缠绕、围合所产生的多变的趣味性空间,以及将其为人所用。

图 2.83　曲线装置

图 2.84　日本街头长凳

(a)

(b)

图 2.85　澳大利亚南岸公园花藤人行道

图2.86　景观凳

图2.87　隔离栏

图2.88　美国 Jacob Javits 广场

图2.89　多功能凳子

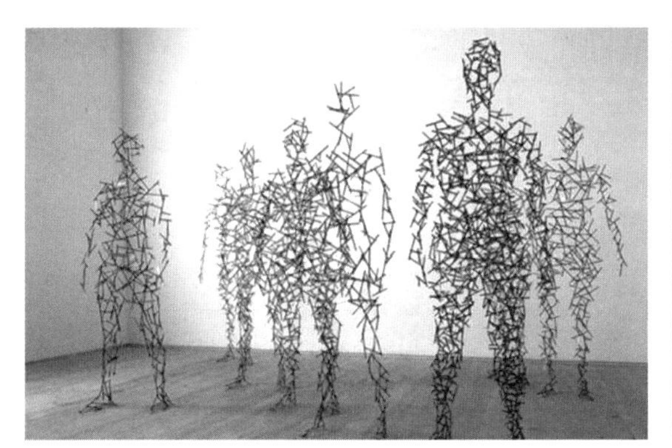

图2.90　线化的人形装置

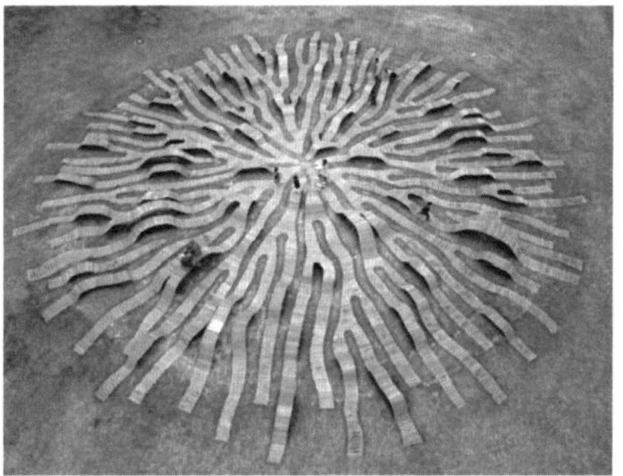

图2.91　韩国根系长凳装置

(a)

(b)

(c)

(d)

(e)

(f)

图 2.92　城市抽象线型雕塑

图 2.93 蜂巢装置

图 2.94 线化的头像

图 2.95 红色柱子围合空间

图 2.96 芝加哥艺术之田

图 2.97 河北迁安生态廊道

图 2.98 流畅曲线围合空间

图 2.99　江苏睢宁流云水袖桥

图 2.100　波士顿中国城公园

图 2.101　红旗渠太行天梯

图 2.102　秦皇岛汤河公园

线在空间尺度上的变化如此强烈和鲜明，这种新颖神奇的空间再造将继续发生和延续，线的艺术魅力将不断挖掘利用延伸。线在园林中的创意设计与本土的地域文化、人文景观一脉相承，有更大的可能性和伸缩性。线展现在大众面前的不再仅仅是景观、绿化，还有线条那动人心魄的形式魅力与直刺人心的感染力。

2.3　面

2.3.1　面的概念

线移动的轨迹形成面。面同样是在一个相对的环境里对比存在，面具有较大的体量。在同一个范围内，面没有固定大小，没有固定形状。面完整稳定，在空间中比点和线更加强烈突出，给观者视觉上的充实感。

2.3.2 面的分类

1)几何形

几何形为抽象出的规则形,整齐有序,符合数理和秩序之美。几何形理性、精确、严谨、庄重、正式,如三角形(图 2.103)、正方形、圆形(图 2.104)。

图 2.103 几何直线形

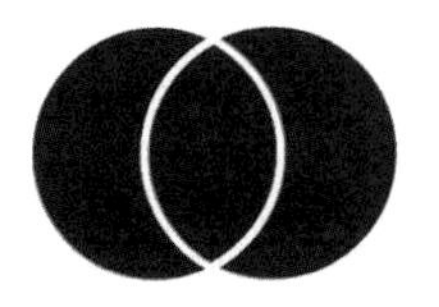

图 2.104 几何曲线形

2)自由形

自由形是不规则的形状,灵活、多变、生动、轻松、感性(图 2.105、图 2.106)。

图 2.105 自由直线形

图 2.106 自由曲线形

3)偶然形

偶然形是偶然形成的、不可复制的图形。它变幻莫测,生动有趣(图 2.107),如树皮表面的纹路、墨水滴在纸上形成的形状、用手撕纸随意撕出来的图形等。

(a) (b)

图 2.107 偶然形

2.3.3　面的作用

1)统一画面

面在画面中所占比重较大,面的大小、分布、空间关系在画面中起重要作用,主导画面的整体效果。点线太多,凌乱无序,或者缺乏主次关系,可以增加面来统一协调(图 2.108)。形成面有很多方法,比如点聚拢在一起,可以形成面;点线加粗扩大,可以形成面。通常来说,实面比虚面来得更为直接、纯粹、厚重。园林景观中常见的草坪大多以面的方式存在。草坪作为景观的基底,以背景形式出现,在景观布局中是极为常见的应用形式。在二维空间内考虑布局,从上、下、左、右四个方位形成开阔的空间设计,加之一览无余尺度变化,给观者带来宽敞的视野和足够的视距欣赏景物。并且,在较大的场景中,利用宽阔平坦的大型草坪、空旷的广场、巨大的湖面来展现宏伟壮观的场景,可以起到统一、连接景观的作用(图 2.109、图 2.110)。

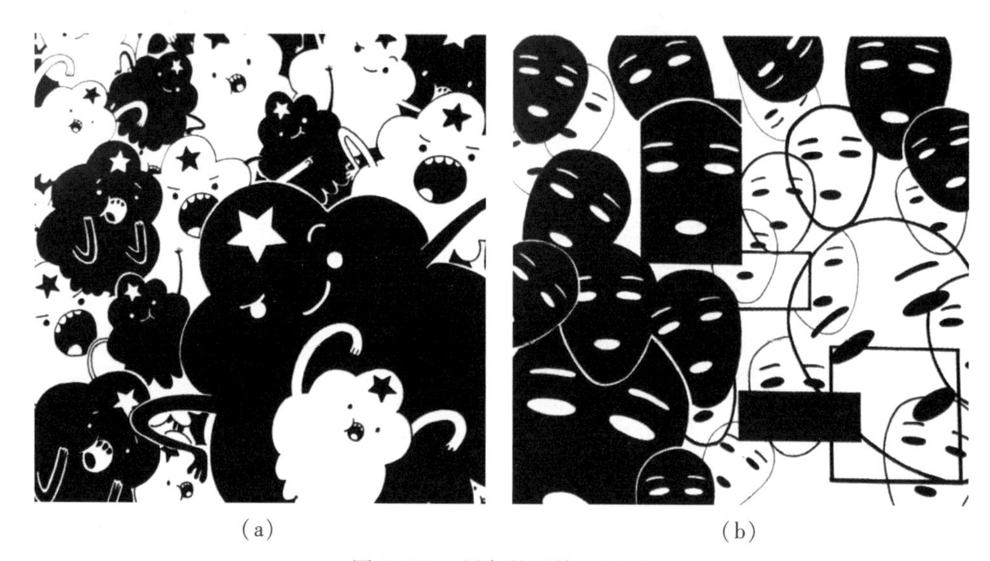

(a)　　(b)

图 2.108　黑色的面统一画面

图 2.109　草坪以面为主、以点为辅

图 2.110　水景统一画面

2)情感表达

面与形有密切关系,比起点线来说,它更有形的意义。面的形状是识别事物特征的重要因素,它因呈现事物的形态而被观者了解和接受。用不同形状的面可以表现不同的情感:几何形的面理性、简洁、秩序、严谨;自由形的面灵活多变、生动轻松;偶然形的面独特、奇异、有趣,富有人情味。不同形状的面的运用可创造各种不同气氛和美感,塑造各种空间主题。

对于几何形的面来说,通常在视觉表现上较为规矩,如生活中常见的圆形、正方形、三角形、梯形等,在形态上规则,能给观者一种较为理性的体验。从曲直来说,直线形的面简洁大方,有棱有角,坚硬有力。建筑的高大挺拔、台阶的棱角分明,都是干练的直线形的体现。曲线形的面圆润、饱满、柔软。山脉的蜿蜒起伏、流水的流连忘返、道路的柳暗花明、连廊的回肠荡漾,都反映了景观中曲线形的魅力。当然,调子、肌理、色彩也是形成面的情感的重要因素,要在设计中根据不同情况综合运用。图 2.111 灵感来源于切开的鸡蛋。把草坪置于卵形的白色盛器之上,远远望去,地面之上,白色与绿色形成强烈对比,生动自然,充满情趣。图 2.112 中一览无余的草坪,巨大的一块平面,用凹凸有致有力量的点丰富地面空间,给景观赋予了现代、简约、几何的美感。图 2.113 与图 2.114 相比较,是两种不一样的面,都很自由,富于变化,但心理感受完全不一样,一个孔武有力,一个柔情似水。

图 2.111 空中绿化

图 2.112 草坪上的装置

图 2.113 自由直线形景观

图 2.114 自由曲线形景观

2.3.4 面在风景园林中的应用

以面的形状进入景观是设计的常态。面构成的画面,形体扎实、厚重,体块强烈、大气,例如园林设计中广泛应用的大块草坪,大面积的广场,或者丛植、群植的树木,都能形成整体的面。草坪作为背景面,无论在规则式布局还是自然式布局中,都能达到非常好的效果,与构成整体景观的其他景物恰当融合到一起。园林铺装可以看作平面;水景营造中静止的水面或者跌水形成的立面都可以看作面;紧密成行的植物或者阻挡视线的绿篱可以形成垂直的平面;高挑的树枝密集种植形成了立面和顶面。规则的几何形,大气美观,更容易被记住和理解,常常用于正式的场合,如纪念性广场、政府门前绿地等;自由形的面,变化多端,可硬朗、可柔情、可妖娆、可无畏,表现的空间情感可用于任何场景;偶然形的面,如置石、假山流水、天空中的云朵所构成的面,更加自然生态纯朴,情感特点最贴近观者的心理需要,这样的景观与自然融为一体。

在园林总平图里,面还可以按照活动要素分类,可分为游憩区、休闲区、服务区、管理区等,区域成面;按照构成要素划分,可分为植被、水体、硬质铺地等,集合成面。在具体设计中,草坪大多以面的方式来设计,面也可以是装置、雕塑、建筑等,面以各种姿态充斥于地面空间,既有统一画面又有出其不意的视觉效果(图 2.115—图 2.126)。图 2.127 和图 2.128 以具象形的面作为水景形状和铺装,具有极强的装饰美化作用。

图 2.115　瑞士"褶皱的童年"景观

图 2.116　荷兰费音公园小区

(a)

(b)

(c) (d)

(e) (f)

图 2.117 直线形草坪

(a) (b)

图 2.118 自由曲线形绿化

图 2.119 黎巴嫩贝鲁特广场

图 2.120 直线形与曲线形对比

图 2.121　日本九州产业大学自由直线形景观

图 2.122　简洁的直线形建筑

图 2.123　美国纪念性雕塑

图 2.124　西安雁南生态公园自由直线形装置

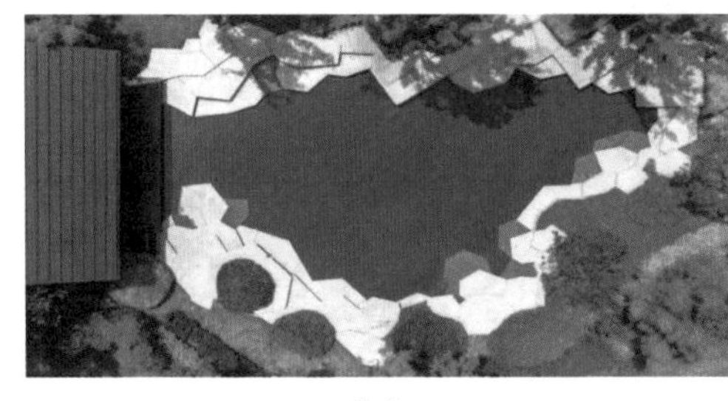

(a)

(b)

(c)

(d)

图 2.125　自由直线形

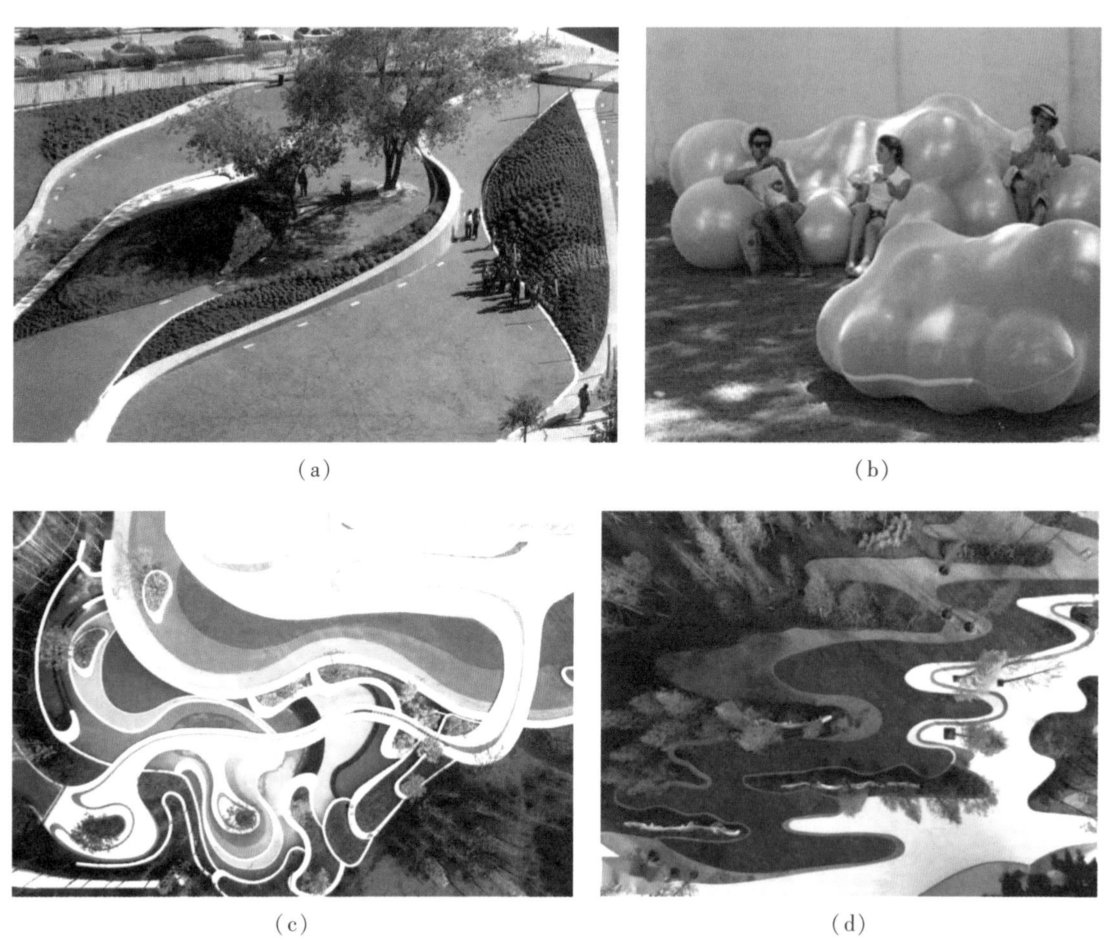

（a） （b）

（c） （d）

图2.126 自由曲线形

图2.127 具象水景

图2.128 具象地面造型

2.4 点线面构成形式

点线面是可以相互转化的。点连续排列形成一定长度,就成了线;点聚拢成一定面积就成了面;线聚拢在一起也能形成面。面足够小可能是点,点足够大可能是面;线越粗,线的感觉越少,面的感觉越多。

有些线,观者的视觉感受它是一条条线,其实它是由一个个单个的、独立的点组成的。点的线化是以点形态在紧密有序的状态下朝着某个方向延伸而成,而点的面化则是由一个点由中心向四周扩张和反复衍生所得的结果。线无限聚拢在一起,形成形状各异的面。这些点线经过面化之后,它自身的造型意义也随之隐含于面的转化中,而原来单个点线的原义在这些线化和面化的形态中也许早已不再,而表现出更为丰富的意义。也可以点线、点面结合运用,以消除可能出现的单调感。点的线化和面化以及线的点化和面化在构成设计中已成为一种独特的表现手段,这种表现手法在平面设计中留下了许多精美的作品。设计师常常对点的虚实予以精心安排。平面图形中点的虚实变化产生一种强烈的对比,可使点线面在构成的巧妙、视觉的张力、刺激的强度等方面产生多样性的美感。

从点线面构成来说,主要有点构成、线构成、面构成、点线构成、点面构成、线面构成、点线面构成七种形式,利用点线面这一系列特点,可使画面更丰富,更有变化(图 2.129—图 2.136)。

(a)　　(b)

图 2.129　线构成(学生作业)

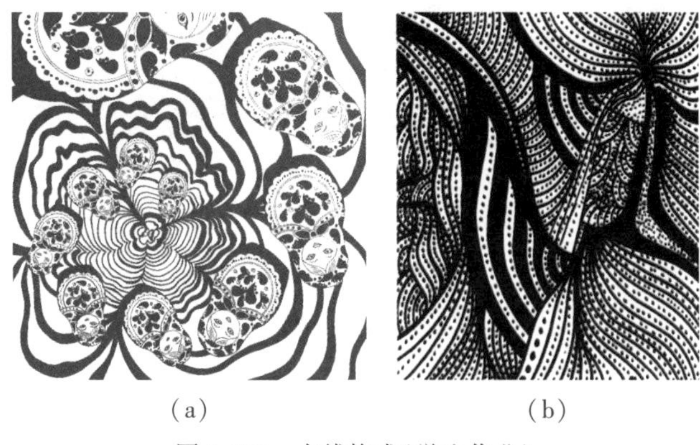
(a)　　(b)

图 2.130　点线构成(学生作业)

(a)　　(b)

图 2.131　点线面构成(学生作业)

(a)　　(b)

(c)　　(d)

(e)

(f)

图 2.132　线构成景观

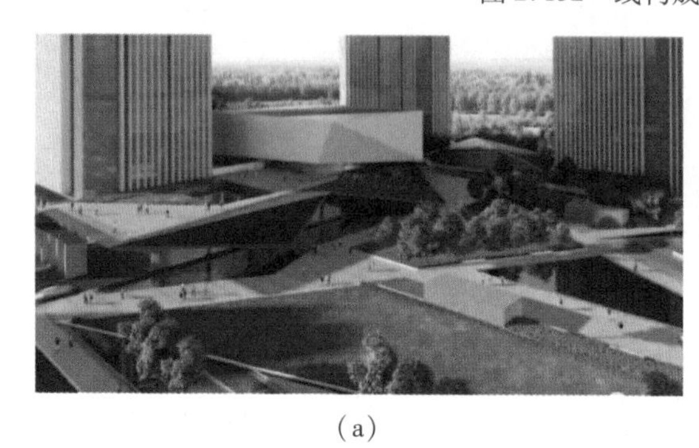

(a)

(b)

图 2.133　面构成景观

(a)

(b)

图 2.134　点线构成景观

(a)

(b)

(c) (d) (e) (f) (g) (h) (i)

图 2.135 面线构成景观

图 2.136　点线面构成景观

课程作业

题目 1:寻找园林中的点线面

要求:按照点线面 7 种构成形式,自己构图取景,拍摄图片不少于 50 张,以 PPT 展示。

题目 2:点线面构成练习

要求:按照点线面 7 种构成形式,设计 7 张不同的点线面构成作品,每张尺寸 20 cm×20 cm。

3 平面构成形式美法则

3.1 形式美概念

所谓形式,即指具有可见性的形状及其各部分的排列,一旦有了形状并具有两个以上部分的组合,也就有了形式。当然,并不是所有形式都具有美感。具体地讲,在造型设计中,形式美是指审美主体对作品中所运用的形式结构引发出的一种美的感受。

3.2 形式美法则

著名哲学家、美学家黑格尔指出"美的要素可分为几种:一种是内在的,即内容;另一种是外在的,即内容借以表现出意蕴和特征的东西"。美是可以感知的,是通过能反映出内容的特定形式表现出来的。人们在审美活动中,首先接触的是形式,并通过形式唤起观者对内容的接收,对美的感受。审美的培养不是一蹴而就,而是潜移默化。俗话说:"仁者见仁,智者见智",美感需要长期的积累。在园林景观中,美无处不在。平面布局、景观节点、地面铺装、立面设计等,现代园林设计大胆的艺术尝试,提高园林的审美高度,更需要设计师具有扎实的艺术修养。点、线、面等要素通过一种排列方式产生美的关系,园林一般从抽象几何形入手,通过点、线、面组合来达到画面的秩序感和心理上的平衡感,从而形成形式美感。形式美主要体现在统一与对比、对称与均衡、节奏与韵律、比例与尺度、静止与动感上。

3.2.1 统一与对比

1)统一

统一即同一,指在画面当中找相同或相似的因素,有形状、大小、位置、方向、色彩、疏密等因素上的相同或相似。统一并不是使多种因素组合单一化、简单化、整齐化,而是使它们的多种变化因素具有条理性、规律性。一般来说,统一代表高尚、权威的情感,协调平衡的美感。画面要达到统一的状态,光是一个因素相同或相似可能达不到,一般需要多个因素相同或相似,相同或相似的因素越多越统一。如果设计因素支离破碎、杂乱无章,画面会显得混乱无序。观者潜意识里希望有具备内在统领性的因素将画面统一成整体,所以设计师必须从整体出发,组织画面中的各种因素,使它们呈现视觉统一,产生整体效应,给人和谐的心理感受。

统一分为绝对统一和相对统一。

(1)绝对统一

画面各种设计因素完全相同,庄严、正式、严肃、高尚、权威。不过绝对统一的面面也很容易显得呆板、单调(图3.1)。

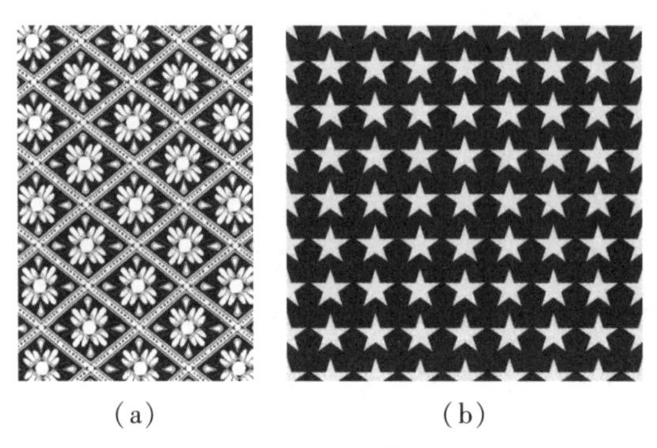

(a) (b)

图3.1 绝对统一

(2)相对统一

画面中个别设计因素不同,画面严肃活泼,既理性又感性,既规矩又生动(图3.2)。图(a)形状颜色位置统一,方向和大小有序变化;图(b)形状色彩统一,方向有变化;图(c)形状、颜色、位置、大小统 ·,方向有序变化;图(d)形状统一,颜色变化。

(a) (b)

(c) (d)

图3.2 相对统一

2）对比

对比就是变化，和统一刚好相反，是在画面中找不同的因素，有形状、大小、位置、方向、色彩、肌理、虚实、疏密、完整与残缺等因素上的不同。把这些不同因素放在同一空间中进行对照比较，从而造成画面冲突，形成一股张力，刺激观者的视觉和情绪。差异越大，对比越强烈，主题更突出，视觉效果更活跃。

对比是设计中司空见惯的手法。曲与直、简与繁、乱与序、粗与细、虚与实、疏与密的对比甚至能使画面惊心动魄，充满动荡、汹涌、斗争的力量，并使博弈的双方特点更加鲜明、更加突出。强烈的视觉冲击力是对比最显著的特征。秩序的均衡、节奏的强弱、韵律的和谐、动静的生发，在形的长短、疏密、错落中营造抽象的形式美，使画面从客观再现的意义上平添了极致的审美功能。通过对比塑造形体并不困难，但是如何与画面结合，是对比表现的处理难题。对比小了，画面缺乏起伏，缺乏波澜，缺乏斗争的力量。当然，对比也不是越强烈越好。对比越大，视觉冲击力越大，视觉冲击力越大，画面很容易显得生硬凌乱、不均衡不协调。所以，对比有一个度，设计师必须根据设计对象所处具体位置、背景等综合因素，结合对比的视觉特性进行全方位考虑，这也是设计师自身尺度感的一个体现（图 3.3—图 3.10）。

图 3.3　大小、方向对比

图 3.4　色彩对比（学生作业）

图 3.5　大小、方向、色彩对比（学生作业）

图 3.6　方向、大小、疏密对比（学生作业）

图 3.7　方向、大小、色彩、疏密对比（学生作业）

图 3.8　大小、色彩对比（学生作业）

图3.9　方向、大小对比（学生作业）

图3.10　形状、色彩、
大小对比（学生作业）

3）统一和对比的关系

统一与对比是形式美的总法则，既是矛盾的统一，又是相互排斥又相互依存的现象，在画面中同时出现，缺一不可。绝对的混乱与绝对的规整都容易使画面失去美感。如果只强调统一而缺少变化，画面就会呆板而无生气；如果只强调变化而缺少统一，画面就会松散、混乱。因此，必须将变化和统一结合起来，二者相辅相成，才能形成多样统一的视觉美感。一般来讲，多样性要建立在整体性上，所以，统一是主导，对比是从属。统一的元素在画面中占相对优势的比重，做到整体统一，局部变化，更容易使画面达到统一与对比和谐的关系（图3.11—图3.14）。

图3.11　形状、大小统一，色彩、方向对比

图3.12　形状统一，色彩、方向对比（学生作业）

图3.13　形状统一，色彩、方向对比（学生作业）

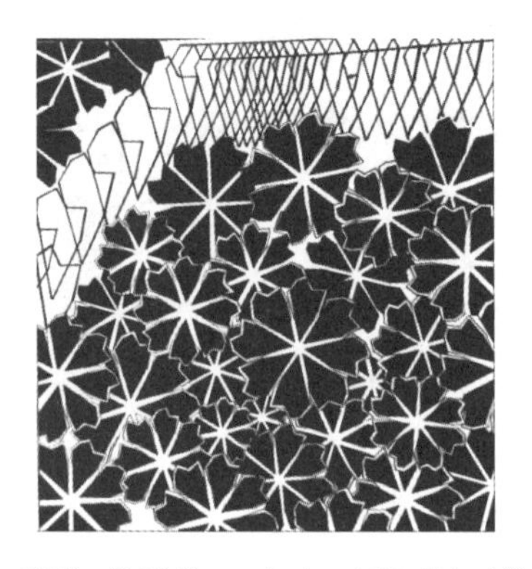

图3.14　形状、色彩统一，大小、疏密对比（学生作业）

4)统一与对比在风景园林中的应用

在园林中,造园元素的色彩、线条、质地及比例都要有一定的差异和变化,显示多样性,但又要使它们保持一定的相似性,引起统一感,这样既生动又和谐。样式变化太多,整体就会杂乱无章,引起心烦意乱、无所适从的感觉;但平铺直叙,没有变化,就会单调呆板,因此应掌握在统一中求变化,在变化中求统一的原则。运用重复的方法最能体现统一感。例如,一个小区环境要形成统一的风格,往往在建筑样式、材质和色彩上形成一致性。一座城市进行树种规划时,分基调树种、骨干树种、一般树种。基调树种种类少,但数量大,形成该城市的基调和特色,起到统一的作用;而一般树种,则种类多,每种量少,五彩缤纷,起到变化的作用,可产生对比的效果。在植物造景中,高大的棕榈乔木和矮小的灌木花丛、松柏的尖塔形树冠与桂树修剪成卵形的树冠形成对比。

在园林中常用对比的手法来突出主题或引人注目,图 3.15 不规则的曲线与中规中矩的凳子结合,故意追求形状之间的强烈反差,形成严肃与活泼、静止与动感共存的矛盾的空间关系;图 3.16 相同形状的草坪长短不一,形成对比,中心围合成一个自由形的空间;图 3.17 红色的曲线在绿色的大地上肆意流淌,具有很强的律动态势,红与绿惊艳的对比给观者带来惊鸿一瞥的美感。

图 3.15 形状对比

图 3.16 长短对比

(a)

(b)

图 3.17 色彩对比

统一与对比在园林设计中无处不在。如图 3.18 所示，建筑的外立面以相同形状、大小的窗户组成，方向发生有序变化；图 3.19 地面铺装以相同形状颜色的鱼作为造型，大小、疏密上发生变化；图 3.20 圆形在统一画面，最明显的对比是大小变化；图 3.21 立体绿化统一，整齐有序。

图 3.18　整齐有序的立面

图 3.19　德国兰特广场铺装

图 3.20　变化的斑马线

图 3.21　统一的立体绿化

在园林设计中，造型是实现景观艺术化最直接的手段。人类的造物活动一直与审美相伴随，设计的意图首先是通过造型来实现，造型是基础。以往景观造型有比较固定的传承模式，有创新也是在原有的基础上稍做变动，相比之下，今日之造型更任性自由，造型之设计手法更加多元。视觉化的审美趋向使园林景观造型更为丰富完整，如故意不对称不平衡、故意残缺不全、故意创造一种扭曲畸变，这样的设计审美与传统审美有所不同。

艺术之美，源于矛盾，正如残缺和完美、统一与变化对比存在。它反对墨守成规，崇尚化腐朽于神奇，追求外形随机性和偶然性的灵动变化。在造型方面，它不完全强调规整有序、对称比例，而更重视发掘空间形态的潜能。看似另类的造型把人的习惯性视觉规律打破，在残缺中寻找平衡，以醒目有力的背离性刺激人的感官，加之合乎材料特性的独特造型，有着比传统更有感染力的美。残缺与完整的对比，虽残犹美，给观者以刻骨铭心的震颤与感受。理解了破碎，就不再为破碎忧伤，多少美是因为接近美而破碎，多少破碎是因为捍卫美而产生。无论残缺也好，完美也好，造型艺术总是在独辟蹊径，向前发展（图 3.22）。

(a) (b) (c)

(d)

图3.22 完整与残缺对比

在园林中,统一与对比的手段还很多,如虚实对比。建筑是实,庭院是虚,山是实,水是虚;岸上景物是实,水中倒影是虚。通过虚实的统一与对比,可以使景观展现出坚实有力度、空灵又生动的效果。

3.2.2 对称与均衡

1) 对称

对称是上下或左右相同,是一种最简单的平衡形式,是等量等形的静态平衡。相当于天平两端放的东西一模一样,天平可以保持静止不动。对称布局规整,中轴或中心两边分量完全相同,视觉上的质量感完全一样,显得庄重、严肃、正式、理性,给观者带来稳定、平静、安宁的视觉和心理感受。对称分为绝对对称和相对对称。

(1)绝对对称

对称轴的两边或上下左右完全相同,最能体现对称所有的情感特征,但处理不好容易显得呆板、单调、机械。当然,绝对是针对相对来说的,世上没有任何绝对的东西。只要肉眼看不出变化的对称,都可算绝对对称(图3.23)。

(a)　　(b)

图3.23　绝对对称

(2)相对对称

对称轴的两边或上下左右大体相同,细节上有变化,在不破坏对称美感的同时增添画面的活泼感和生动性(图3.24)。

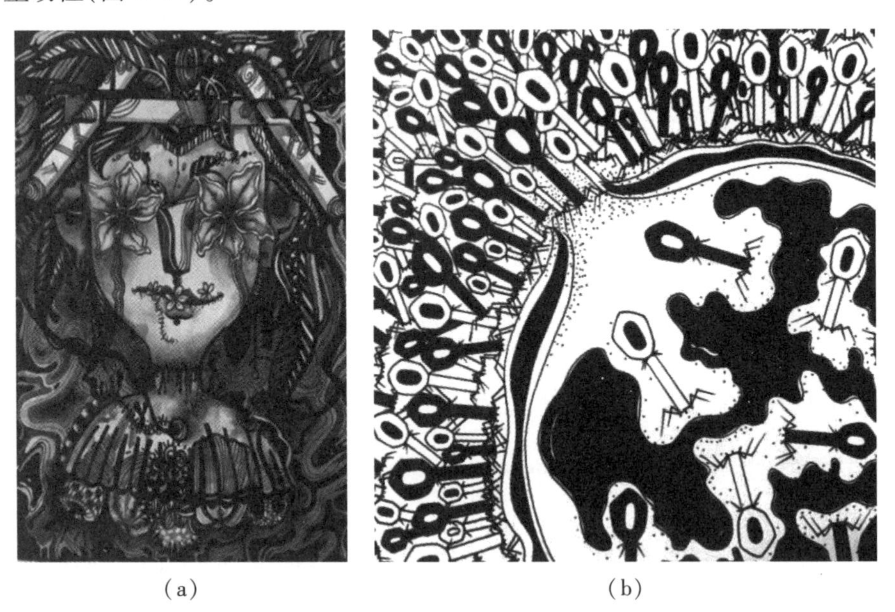

(a)　　(b)

图3.24　相对对称(学生作业)

2）均衡

均衡是指二维空间中的形态元素具有相对等的视觉重量，形成视觉上的力度平衡。均衡由形的对称变成量的对称，画面势均力敌，达到心理上平衡、和谐的感觉。均衡是等量不等形的平衡，相当于天平两端放不同但等重的东西，又如应用中国的计量工具杆秤，又称动态平衡。再例如我们的汉字有很多就是典型的不对称的均衡状态。影响均衡感有重心、呼应关系等，均衡常见的手法有大小均衡、形状均衡、位置均衡、色彩均衡、方向均衡等。要使画面具有均衡感最简单的方法是将其分为四等份，从上下左右分别进行观察：画面中越突出的大小、形状、位置、方向、色彩等因素最好不要孤立存在；左边有，右边找呼应；上边有，下边找呼应；中间有，四周找呼应；找多找少不论，都有助于画面达到一定和谐的状态（图3.25）。

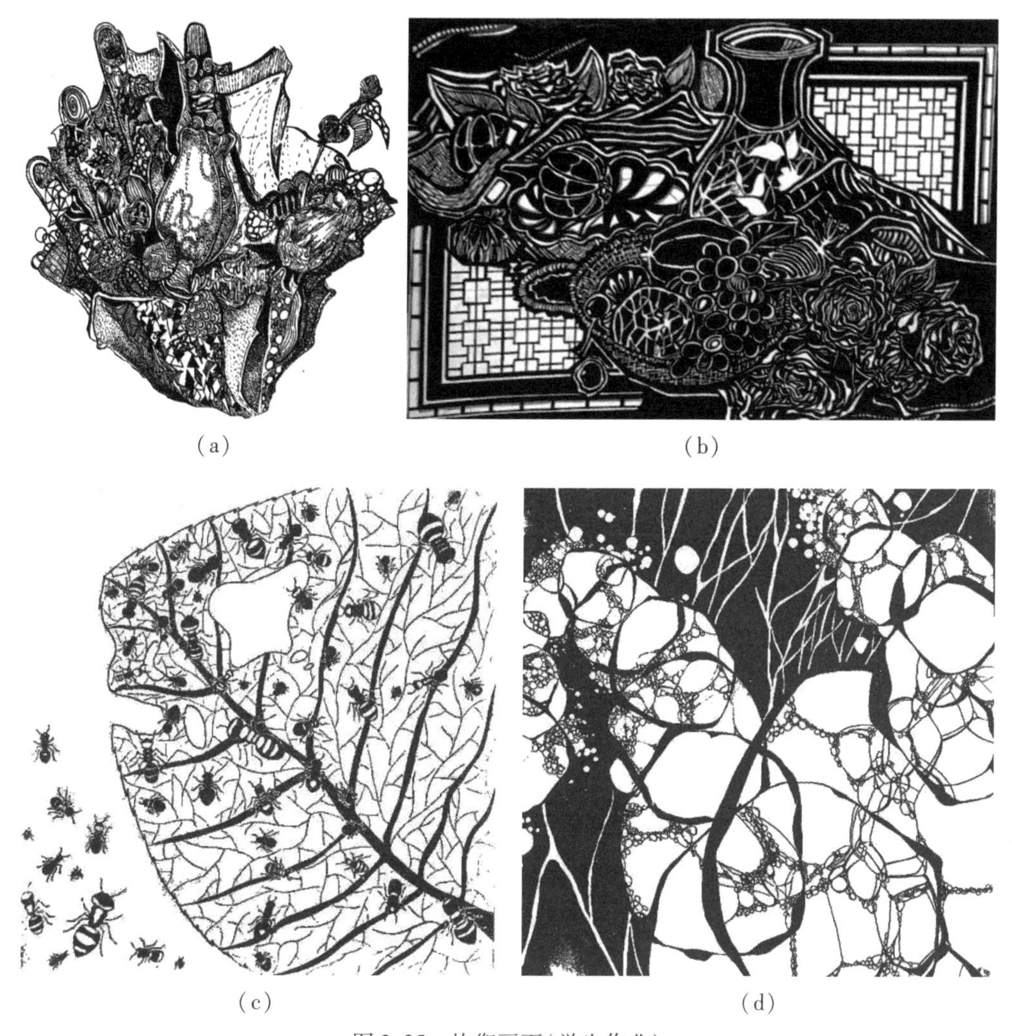

（a）　（b）

（c）　（d）

图3.25　均衡画面（学生作业）

3)对称和均衡的关系

对称与均衡都是达到画面平衡的手法,对称是物理上的平衡,均衡是心理上的平衡。均衡在造型作品中的含义并不是现实生活中实的重量关系而是属于视觉的。均衡强调的是一种艺术的感觉效果,显然视觉的均衡是主观的范畴,是审美的过程,并不意味着一定存在客观的均衡关系。而数学、物理学上的均衡则是客观存在的一种关系,虽然反映到人的审美视角也会产生均衡美,但它强调的是客观关系而不是主观感觉,所以设计作品中的造型均衡与力学数学的均衡并不是同一概念。设计造型中均衡方式的传达讲究如何求得视觉上的安定与心理的平衡,在构图中无论是形、色彩、材质还是在画面中所具有的重量、大小、明暗、色彩强弱、质感等都必须保持平衡状态,只有如此才会使观者产生安定的审美感受。

所以,画面中的平衡感是视觉上的要求,也是心理上的要求。对称和均衡不只是表现出视觉上的平衡,还有心理上的安全感和稳定感。均衡比对称更随意、更富于变化,在形式上有更大的自由度,能够产生生动活泼变化多端的美感。但与对称相比,均衡处理不好更容易失衡,造成观者心理上的不安。

4)对称和均衡在风景园林中的应用

对称是园林设计中传统的较为常见的也是简单易行的一种手法,对称相对于不对称来说更容易达到视觉上的平衡,给人感觉庄严、大气、稳重、正式,适用于纪念性广场等庄重严肃的场合。主景一般放于对称轴上,以主景为中心四散对称布局,尤其适合平整方正的地形,显得气势恢宏(图 3.26)。

(a)

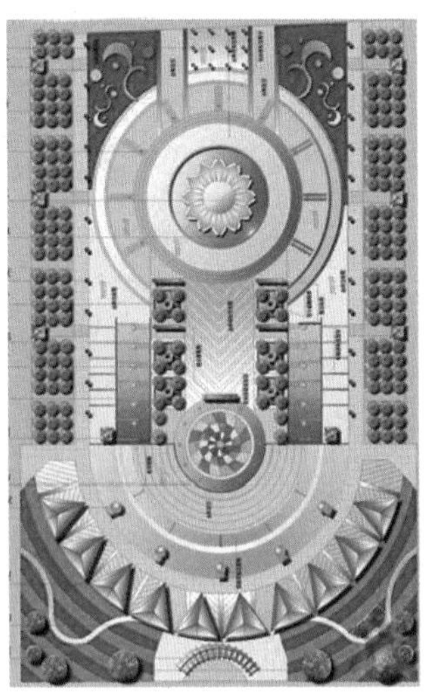
(b)

(c)

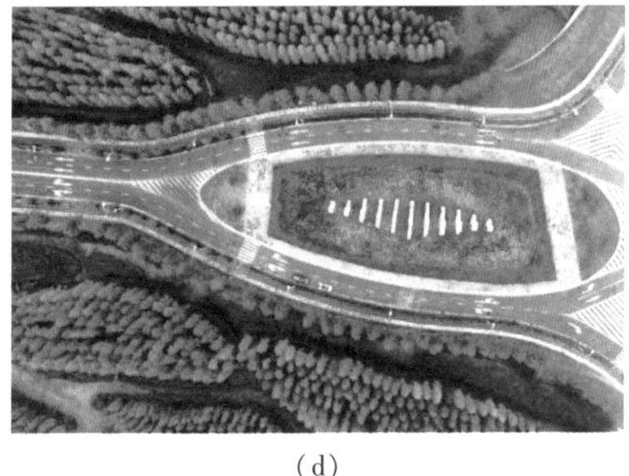

(d)

(e)

图 3.26　对称景观

相比对称设计,不对称是园林中更为常见的一种设计形式。因为园林地形地貌多为更加复杂、变化多端的各种异形,不容易对称布局。不对称要达到均衡性更难,但不对称的画面灵活多变,更能体现时尚、活泼、自由、轻松,适用休闲、运动等场合(图 3.27、图 3.28)。

均衡是人们对画面心理上的量感,一方面体现在重心上。重心不稳的画面,使观者感觉紧张、不安全,画面会因此失去美感。园林景观由花木、山水及建筑物所组成,各种造园元素表现出不同的重量感。如应用色彩浓重、体量庞大、数量繁多、质地粗厚、枝叶繁茂的植物种类,给观者以重的感觉;相反,应用色彩淡雅、体量小巧、数量简少、质地细柔、枝叶疏朗的植物种类,则给观者以轻盈的感觉。将体量、质地各异的空间造型元素按均衡的原则配置,空间就显得稳定、顺畅。均衡还体现在呼应关系上,具体表现在造型元素的形状、大小、方向、位置、色彩、种类、材质等方面上。俗话说"万绿丛中一点红",其实这样的色彩搭配容易显得突兀、孤立,对比过于强烈。往往在景观中,显眼的形状、大小、方向、位置、色彩、种类、材质等,尽量不要孤立存在。例如,红色耀眼夺目,四周有相类似的色彩形成呼应,无论多少,只要有这种呼应关系,红色才不显得过于突兀和孤立,画面就能达到一定的均衡状态(图 3.29、图 3.30)。

图3.27　不对称平面布置图(学生作业)

(a)

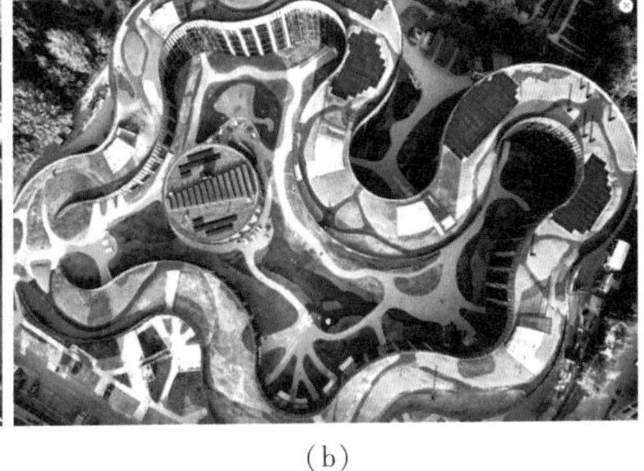

(b)

图 3.28　不对称景观实景图

图 3.29　相对对称

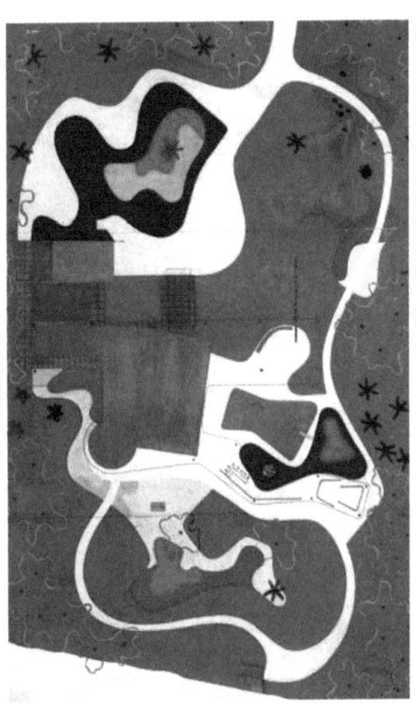

图 3.30　布雷马克斯作品

3.2.3　节奏与韵律

1)节奏

节奏如音乐的节拍,有高低起伏、长长短短、抑扬顿挫之感,在二维空间内指设计形态元素的重复或规律性的变化,也是构成因素的大与小、轻与重、虚与实、快与慢、疏与密等有秩序的变化。节奏强调周期性地重复出现,很多重复或规律性变化的反复出现才可能形成视觉节拍,让观者感觉到节奏(图 3.31)。节奏于画面的美感体现在规律性的变化,秩序中有对比。

(a) (b)

(c) (d)

(e) (f)

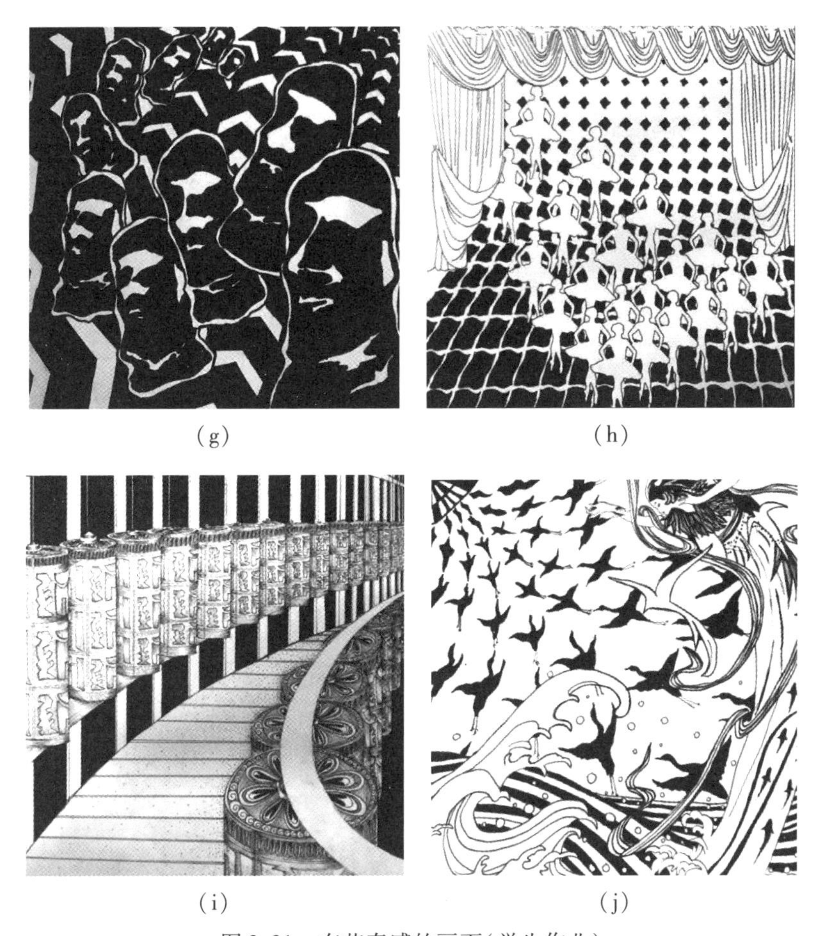

(g)　　(h)

(i)　　(j)

图3.31　有节奏感的画面(学生作业)

2)韵律

韵律如朗诵诗歌抑扬顿挫,也如音乐中的旋律,在构成中指形态元素之间高低起伏、强弱长短的节奏变化所形成的流畅的整体气势和效果。韵律不但有节奏,更有情调,是在节奏基础上按照美学要求形成的富于情感起伏的律动(图3.32)。

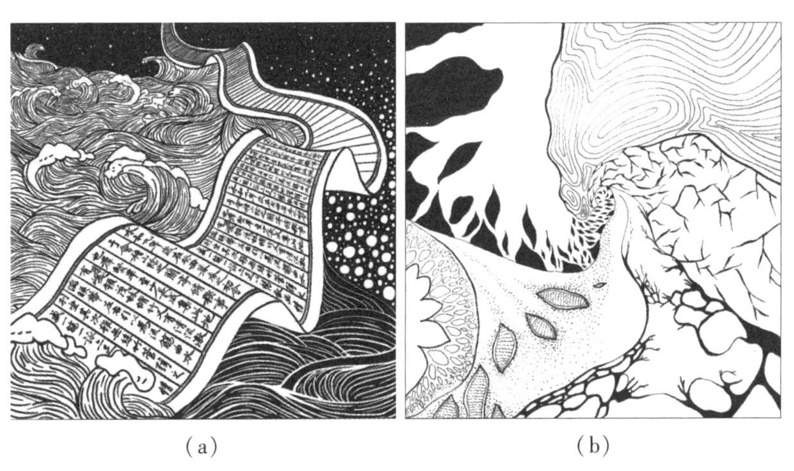

(a)　　(b)

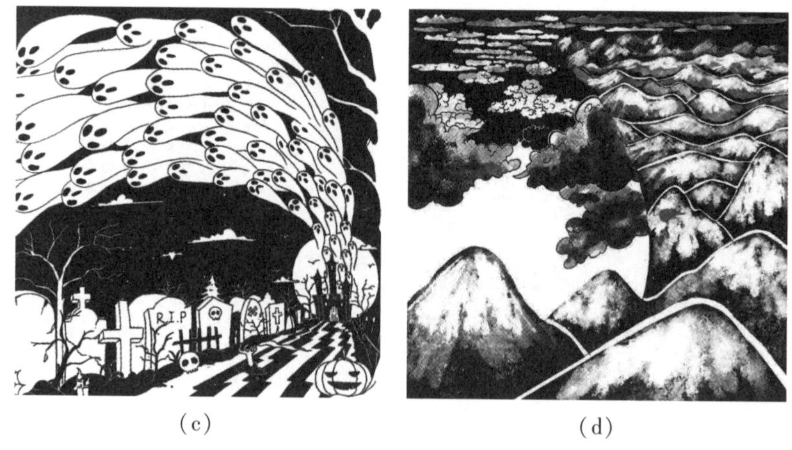

(c)　　　　　　　　(d)

图 3.32　有韵律感的画面(学生作业)

3)节奏和韵律的关系

节奏与韵律作为能体现美感的形式元素,是形式美原则的重要组成部分。节奏如同音乐的节拍,韵律好比音乐的调子,都是指有规律的变化,表现出秩序美和条理美。汽车的喇叭声、轮船的汽笛声都可以形成节奏,但它们不像音乐带有韵律。韵律比节奏更优美,富于情感。换句话说,韵律是高层次的节奏,是多种节奏的复杂和巧妙的结合,是形象图式的疏密交替,是线、色、块综合安排和有组织的行进。

节奏与韵律是点、线、面、色、材质等的重复或渐变,表现出规律性和秩序性。它既保持着相似相近的组合规律,又包含着变化的抑扬顿挫,是变化和调和的自由交替。没有节奏与韵律的设计,视觉效果平稳或单调,没有起伏,没有波澜;加入节奏和韵律,可以带来活跃的、动感的视觉效果。不同的节奏和韵律可以带来不同的视觉感受,设计者可以根据设计主题和目的,通过调整画面来影响视觉节奏,进而调控节奏在观者心理上产生的效果。

4)节奏和韵律在风景园林中的应用

园林设计中的节奏与韵律是通过体量大小的区分、空间虚实的交替、构件排列的疏密、长短的变化、曲柔刚直的穿插、更替的色彩变化等来进行的。园林节奏的美反映在连续或并列的起伏变化中,停顿点形成了单元、主体,疏密、断续、起伏的节拍构成了有规律的美的形式。同一种或同一组造型要素的连续反复或交替反复能够在视觉上造成一种具有动势的丰富的秩序视觉效果,给节奏带来了多样性,使其具有视觉感强烈的韵律美(图 3.33)。

在园林中,人工修剪成连续形状的绿篱、乔木与灌木有规律地交叉种植、道路起伏与曲折、建筑的高低错落、花坛内植物图案的连续变化等,都可形成节奏与韵律感。在花径设计中利用不同高度、不同颜色和质感的花卉相间种植并有序布置,形成高低起伏错落有致的富于美感的视觉冲击;盆花放置时利用两种质地、颜色、高度等完全不相近的盆栽间隔摆放,既有分割空间作用,又不落于单调氛围。图 3.33 中,图(o)草坪上利用绿植塑造几个高于草坪的造型后,就改变了过于平坦之意,增加了高低变化之势,这种起伏关系使草坪孕育出一种生命的律动;图(p)相同形状的花坛,种植相同花卉或相同花色的花卉连续排列,形成整齐规则、有序变化的效果。

(a)

(b)

(c)

(d)

(e)

(f)

(g)

(h)

(i)

(j)

(k)

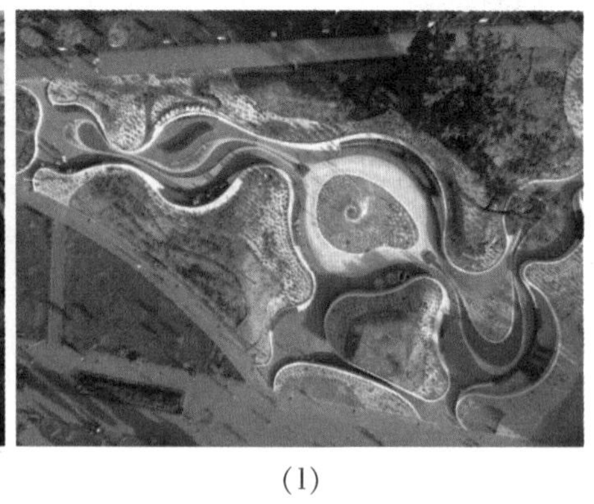

(l)

(m)　(n)

(o)　(p)

图 3.33　景观中的节奏和韵律

3.2.4　比例与尺度

1)比例

比例指造型或构图的整体与局部、局部与局部、整体或局部自身的长、宽、高之间的数比关系。正确的比例关系符合逻辑,符合观者视觉上、经验上的审美体验。

2)尺度

尺度指形态与其他形态或与所在二维空间相比较而呈现的尺寸大小,包括心理尺度和生理尺度。每种形态自身都有相应的尺寸,各种形态的尺寸是由各种因素决定的。自然形态的尺寸由自然规律决定;人为形态的尺度由人与环境、社会决定,满足人的生存和发展的需要,体现出科学性、合理性。当然,设计中也有非同寻常的尺度关系,如果符合设计需求,运用巧妙,也会让观者产生强烈的视觉冲击力。

3) 比例和尺度的关系

在平面构成中,比例与尺度相辅相成,同时存在。比例是尺度的规则,尺度是比例的具体体现。

4) 比例与尺度在风景园林中的应用

园林设计是为人服务的,所以要以人为本,要处处考虑到人的使用尺度、习惯尺度以及与环境的关系,也就是让观者在这样的环境里生理和心理都没有不适感。如每一级台阶的跨步高度、空间内的视觉距离、廊架的轴线距离和高度比例、超过一定深度的水池防护问题等,尺度按使用对象和使用活动要求来考虑,而道路、广场、草地等则根据功能及规划确定其尺度。

尺度是一个非常重要的概念。比例和尺度是一种相互包容的整体关系,在园林中考虑尺度时必然会涉及比例。比例不只是视觉审美的唯一标准,还要受功能要求、艺术传统、社会思想意识、工程技术、景观材料、设计规范等多种因素的制约。园林的比例一方面指造园元素整体或局部本身的长、宽、高之间的大小关系,另一方面指造园元素整体与局部,或局部与局部之间形体、体量大小的关系。这些关系难以用精确的数字来表达,而是属于人感觉上和经验上的审美体验,以使用功能和自然景观为依据,符合人的生理和心理需求。如半开敞空间用少量较大尺度植物形成适当空间,它的空间一面或多面受到较高植物的封闭,限制了视线的穿透,另一面视野开阔;开敞空间用小尺度植物形成大尺度空间,仅以低矮灌木及地被植物作为空间的限制因素,凸显出大空间的盎然;私密空间用高密度植物形成封闭空间,此类空间的四周均被植物所封闭,具有极强的隐秘性和隔离感。

园林布局不是简单的植物分布,需要设计师对景观的整体把握,更要分清局部和整体的关系,把大地当作一张画纸来布局把握。事实上,要做到整体与局部的统一与协调很难,设计师对比例和尺度应该有本能的意识和感觉。

比例与尺度还受多种因素影响,如经济、政治地位,以及观赏人群等。颐和园是皇家园林,为显示其雄伟气魄,殿堂山水比例均比苏州私家古典园林大。苏州私家古典园林,园林各部分造景效法自然山水,把自然山水经提炼后缩小在园林之中,秀丽雅致,亲切合宜。无论在全局上或局部上,它们相互之间以及与环境之间的比例尺度都是相称的。所以不同的功能,要求不同的空间尺度,另外不同的功能也要求不同的比例。

3.2.5 静止与动感

1) 静止

静止指画面稳定不动的状态。方形、圆形等几何对称形的状态稳定静止,水平线、垂直线的状态也相对静止。

2）动感

动感指画面运动的状态，如倾斜、旋转、流动、扩展等。平面构成中的动感其实是视觉上的错觉。相比较来说，水平线、垂直线静止，斜线、折线具有动感，发射构成动感强烈（图 3.34—图 3.37）。

（a） （b）

图 3.34 动感标志设计

（a） （b）

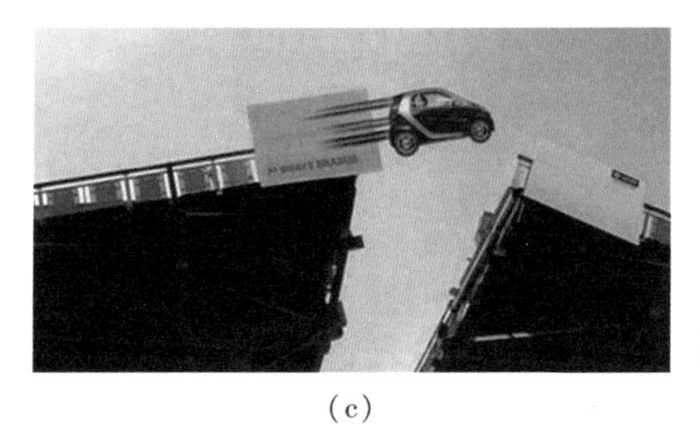

（c） （d）

图 3.35 动感的户外广告

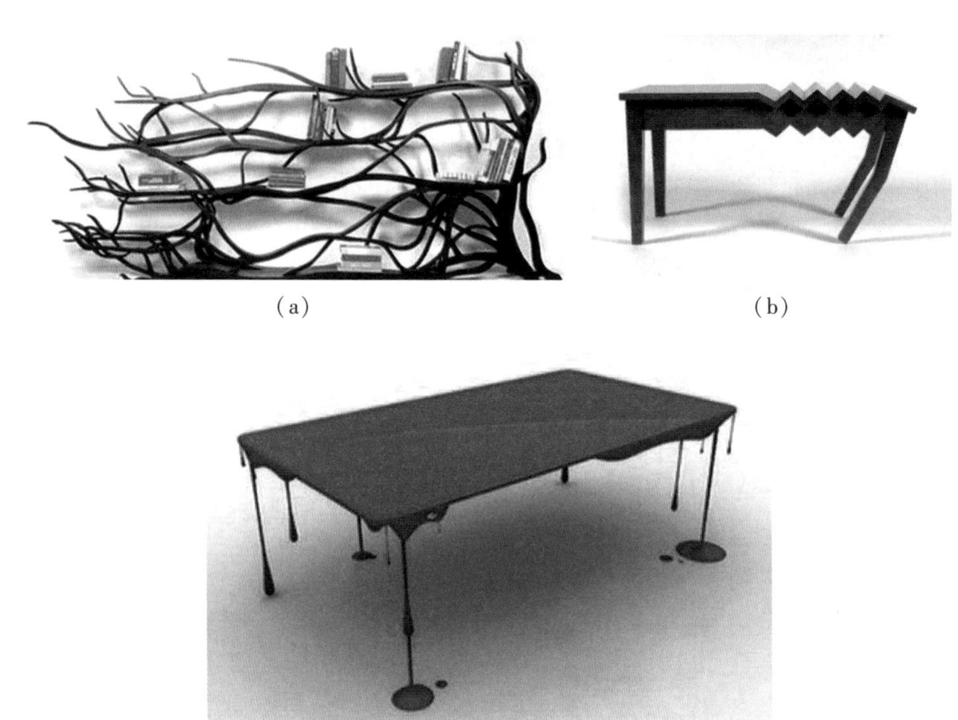

(a)　　(b)

(c)

图 3.36　动感的家具设计

(a)　　(b)

(c)　　(d)

图 3.37　动感的画面(学生作业)

3)静止与动感的关系

大量的心理实验与生活经验表明,动的或变化着的物体远比静止的、不变的物体更容易引起注意。人们之所以喜欢观看动感的事物,主动地去创造具有动感的视觉形象,是因为动虽有多种含义,但其本质是变化。变化意味着不确定性,意味着给视觉形象注入了生命活力,相对于静止来说,动感更具有摄人心魄的艺术魅力。因为动态的美,具有以动制静、气势磅礴的运动势态。从静态的美走向动态的美,从有限走向无限,从有形走向无形。

4)静止与动感在园林中的应用

动感指利用起伏的地面结构、形态丰富多变的格局来以静寓动,扩大观者视觉张力并产生广泛联想。造园元素在造型、完整程度、摆放位置、构图等方面发生变化形成的广延性,能使设计生机勃勃,充满永恒的活力。当景观动起来,映入眼帘的不仅仅是满眼的绿色,还有动荡、汹涌、斗争,甚至惊心动魄的力量,形成强烈的视觉冲击力(图 3.38—图 3.44)。图 3.45 和图 3.46 表现的是静止的场景,这样的画面给人安全祥和、岁月静好的美感。图 3.47、图 3.48 展现的是草坪或者花卉涌出台阶、树池、墙壁、花瓶瞬间的场景记忆。这些设计作品,在地面、在屋内自然起伏,直击周围环境。绿色的草坪向各个方向延伸,肆意流淌,改变了观者对自然世界的感知。设计师以十分个性的方式将这些看似毫无意义的混乱空间介入城市环境,用不和谐的错置让人们在意外之余领略到诗意。图 3.49 制造出船驶入草海的效果,形成层层波浪,波浪荡漾开去,扩大和改变了草坪的视觉张力。

图 3.38 仿生游动的天桥

图 3.39 波涛汹涌的阶梯

图 3.40 蜿蜒流动的步道

图 3.41 向上生长的建筑

(a)

(b)

(c)

(d)

图 3.42　重心不稳的建筑

图 3.43　跳舞的建筑

图 3.44　扩展的几何曲线

图3.45　静态的平面图

图3.46　静止的户外凳

(a)

(b)

(c)

图3.47　喷涌而出的草坪

图3.48　打翻的花瓶

图3.49　时间之载

3.3 形式美与风景园林的关系

风景园林设计是与科学结合的实践性设计艺术。风景园林设计的形式美,可以概括地解释为室外空间的视觉艺术和审美观问题。园林不再是简单地用材料来进行组合,而是构成要素即地形、植物景观、建筑与环境艺术小品、水体等按照形式美的法则来组合实现的。不同构成要素的交织融合所构成的形式都具有不同的美,不同的美具有不同的意境。形式的变化、构成要素和形象特征等通过观者的视觉信息传达,最终目的都是使园林空间的艺术形象更加和谐统一,在人的情感世界之中产生审美情趣。

风景园林和其他设计的不同点在于:一方面,很多景观以植物配植为主。世间植物千姿百态,郁郁葱葱的林木、争奇斗艳的花朵,无论怎么布置,本身就很美,所以园林设计长期以来对艺术理论重视不足;另一方面,园林设计一般面积比较大,它与平面广告等设计不同,观者往往只能看到一个个局部,不能同时看到整体效果,因此,园林设计存在一些误区,常常会为追求局部环境而忽略整体效果。其实,艺术都是相通的。与艺术相关的设计,它们都有共同的美的法则。设计作品既要重视功能,又要重视艺术美感,这样的作品才是真正优秀的作品,也就是把具有很强实用功能的作品上升到艺术的高度,才会成为传世之作。随着经济的发展,人民生活水平的提高,社会对艺术设计的需求持续增长,更需要风景园林将科学技术和文化艺术结合起来,创新、致用、致美,需要在秩序与韵律的和谐中实现精神的审美超越和审美趋向。

从传统手法看来,大部分园林设计仅仅是绿化,更强调功能上的满足,忽略了形式上的美感。其实,园林设计是将造型元素以不同的形态分布于地面以及使得这些形态与形态之间有机联系,这种联系就是点、线、面之间的联系,因此,园林空间艺术适用构成中形式美的一切法则,具有形式美感的设计才更具有艺术生命力。

中国传统园林,受儒家哲学思想的影响,强调天人合一,强调与自然的和谐相处,强调“山重水复疑无路,柳暗花明又一村”的意境,偏爱曲径通幽、别有洞天,导致中国人的艺术心境完全融于自然、崇尚自然、师法自然。而西方园林的轴线对称、均衡布局、精美几何图案构图、强烈韵律节奏感都明显体现出对形式美的刻意追求。事实上,自然美和人工美都是美的一种,自然美如素面朝天,人工美如浓妆艳抹,可以将二者有机结合起来,略施脂粉,在注重自然形态的同时注重形式美的表达。

课程作业

题目 1:寻找园林中的形式美

要求:按照五个形式美的法则,自己构图取景,拍成实景图片,不少于 50 张,PPT 展示。

题目 2:形式美构成练习

要求:按照五个形式美法则,分别设计五张不同的形式美画面,每张尺寸 20 cm×20 cm。

4 基本形与骨骼

在平面构成中,点、线、面除了以独立的构成形式出现以外,还可以经过不同的设计手段使其产生更加多元的构成形式,基本形和骨骼是基本的方法和手段,可以构图,可以编排画面,形成丰富的变化。

4.1 基本形

4.1.1 基本形的概念

平面构成中的视觉基本元素,是构成设计的基本单位,包括点、线、面。在园林设计中,造园元素都可作为基本形,填充并丰富地面空间。

4.1.2 基本形的分类

1)具象形

具象形是依照客观物象的本来面貌写实,也就是生活中找得到的具体形象。在园林设计中,具象形多用在局部,如装置、铺装、立面设计,可以起到装饰景观的作用。在概念生成过程中,也可以具象形来不断衍化,具象形可以成为灵感的来源(图4.1)。

2)抽象形

抽象形是以点、线、面、体等形态元素构成的非具体形态,是对具象形的提炼和升华,如正方形、圆形及由此衍生的具有单纯特点的形体。在园林设计中,抽象形是最普遍的形态,大量被复制,如草坪、水池、道路大多以抽象形来设计。

图4.1　从具象形到概念生成

4.1.3　基本形的组合方法

基本形首先要简练、概括,过于琐碎在组合后容易显得花哨,表意不清。基本形组合是一种最简单最特殊的构成形式,像商标、图案、单独纹样,具有独立存在的意义,体现的是精练、具有视觉冲击力的符号特征。基本形组合方法有分离、相切、覆盖、透叠、结合、减缺、差叠、重合八种组合方式(图4.2)。

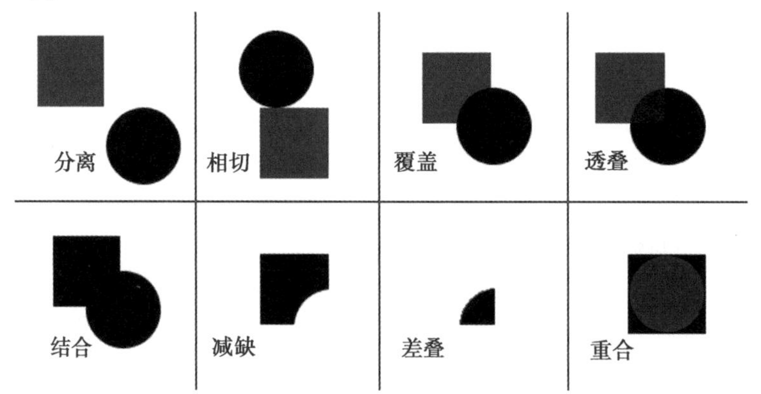

图4.2　基本形八种组合方式

1)分离

分离指形与形之间留有一定的距离(图4.3—图4.5)。

图4.3　重庆金融街标志

图4.4　公司标志

图4.5　企业标志

2)相切

相切也称为接触、相遇,指形与形刚好碰上,有切点或切线(图4.6、图4.7)。

图4.6　三菱标志

图4.7　产品标志

3)覆盖

覆盖也称为重叠,指一个形把另一个形遮挡了一部分,有前后层次感(图4.8、图4.9)。

图4.8　金融街标志

图4.9　标志设计

4)透叠

透叠指形与形相交,相交与不相交的部分都看得见,用颜色区别开(图4.10、图4.11)。

图4.10　透叠形态1

图4.11　透叠形态2

5)结合

结合也称联合,指形与形完全融合在一起,没有切点,没有切线(图4.12、图4.13)。

图4.12　中国电信标志

图4.13　结合图形

6)减缺

减缺指一个形把另一个形减掉以后所剩下的形状,基本形不完整(图4.14、图4.15)。

图4.14　减缺形态

图4.15　苹果公司标志

7)差叠

差叠指形与形相交,只看得见相交的部分,没有相交的部分去掉了,看不到完整的基本形。

8)重合

重合指一个形把另一个形完全遮住,外形只看见一个形(图4.16、图4.17)。

图4.16　奔驰汽车标志

图4.17　城市标志

4.1.4 基本形的综合组合

基本形组合方式任意,一个图形里可以有多种组合方法。这样综合利用组合出来的图形变化万千(图4.18)。基本形组合后强调外形上的变化,强调独立性,一个小小的图形,同样体现形式美所有法则。

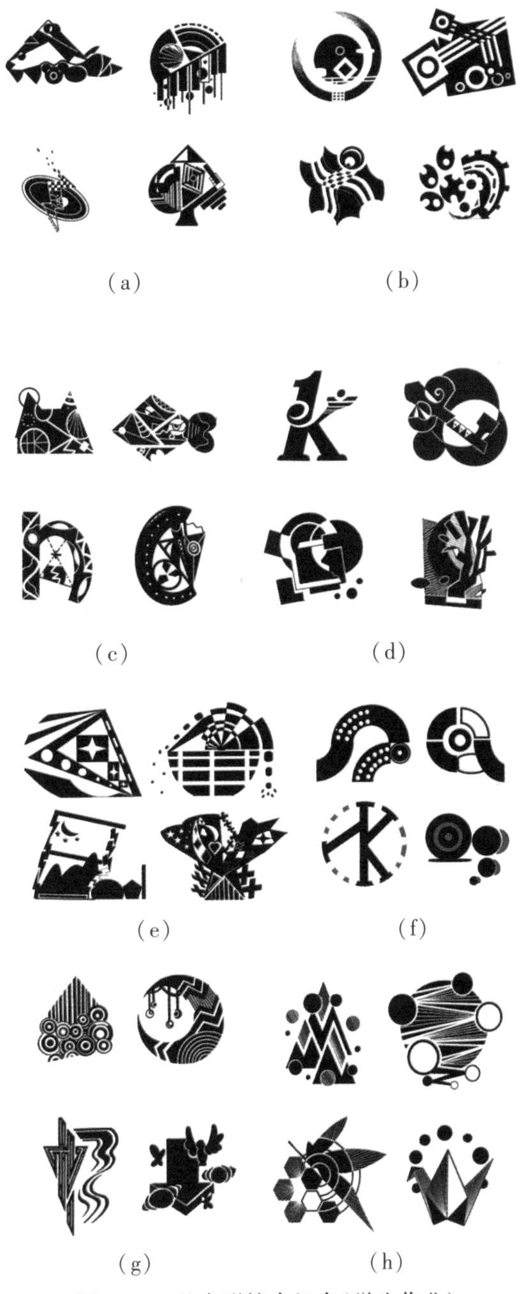

(a) (b) (c) (d) (e) (f) (g) (h)

图4.18 基本形综合组合(学生作业)

4.2 骨骼

4.2.1 骨骼的概念

骨骼指的是用线在画面中先搭起的架子，可以起到分割空间、固定基本形的作用。骨骼是支撑构成形象最基本的组合方式。

4.2.2 骨骼的分类

1)规律性骨骼

规律性骨骼是以严谨的数学方式构成的骨骼，整齐有序，变化也是有规律的变化，具有强烈的秩序性和节奏感(图 4.19)。

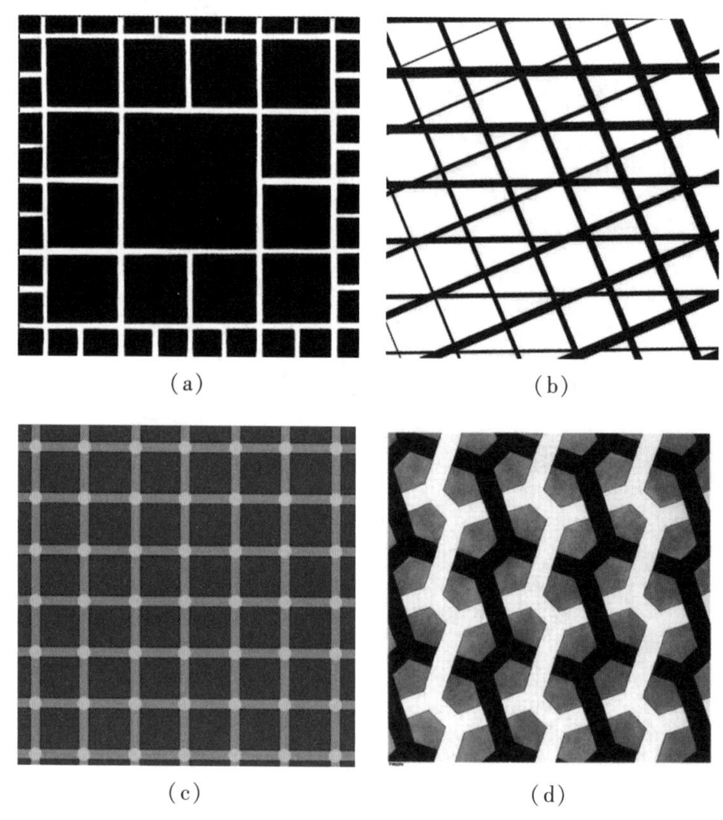
(a) (b)
(c) (d)

图 4.19　规律性骨骼

2)非规律性骨骼

非规律性骨骼的骨骼线粗细长短自由变化,骨骼单位形状大小无序(图4.20)。这类骨骼虽然变化多端,但容易混乱,失去美感。

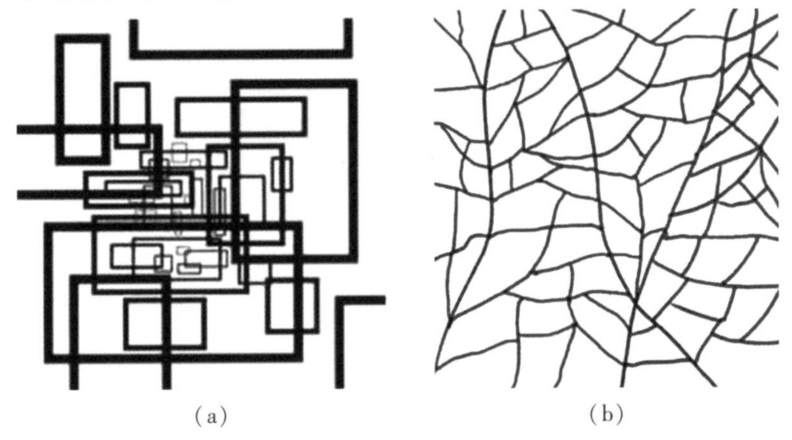

(a)　　(b)

图4.20　非规律性骨骼

3)有作用骨骼

有作用骨骼对基本形的放置有约束力,也就是基本形放在骨骼单位内,超出部分被减缺掉(图4.21)。

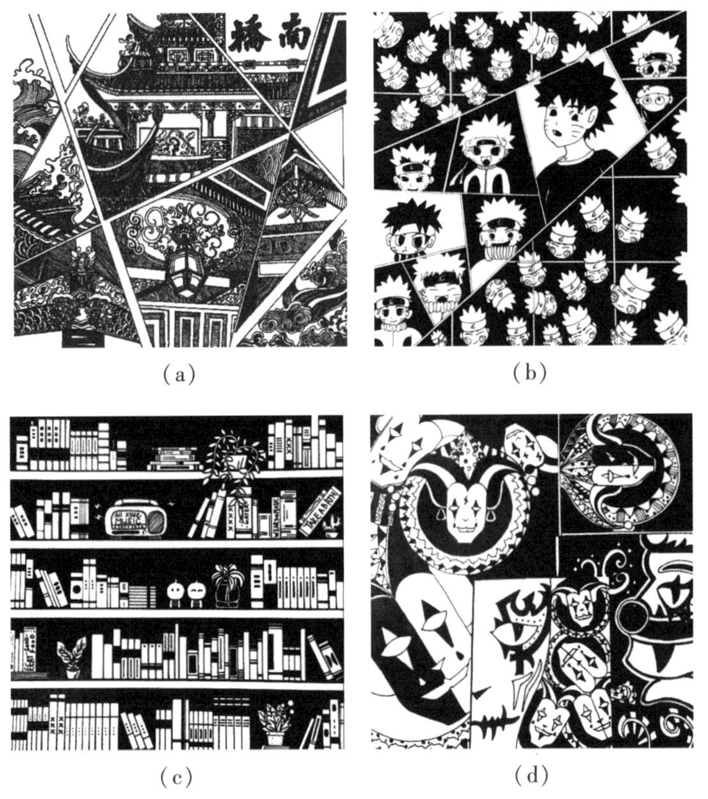

(a)　　(b)

(c)　　(d)

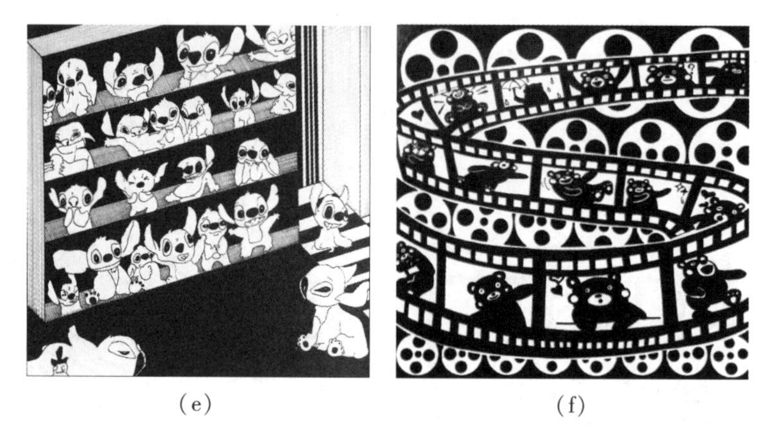

(e) (f)

图 4.21　有作用骨骼(学生作业)

4)无作用骨骼

无作用骨骼对基本形的放置没有约束力,骨骼作为分割线或作为背景存在(图 4.22)。

(a) (b)

(c) (d)

图 4.22　无作用骨骼(学生作业)

4.3 基本形与骨骼的关系

基本形与骨骼的关系,无非有三种情况:一是有骨骼,有基本形;二是有基本形,没有骨骼;三是只有骨骼,没有基本形。

4.3.1 有骨骼,有基本形

无论骨骼有没有作用,画面先用线来分割空间。骨骼没有作用,可以作为背景或丰富画面空间;骨骼有作用,可以约束基本形的位置(图4.23)。

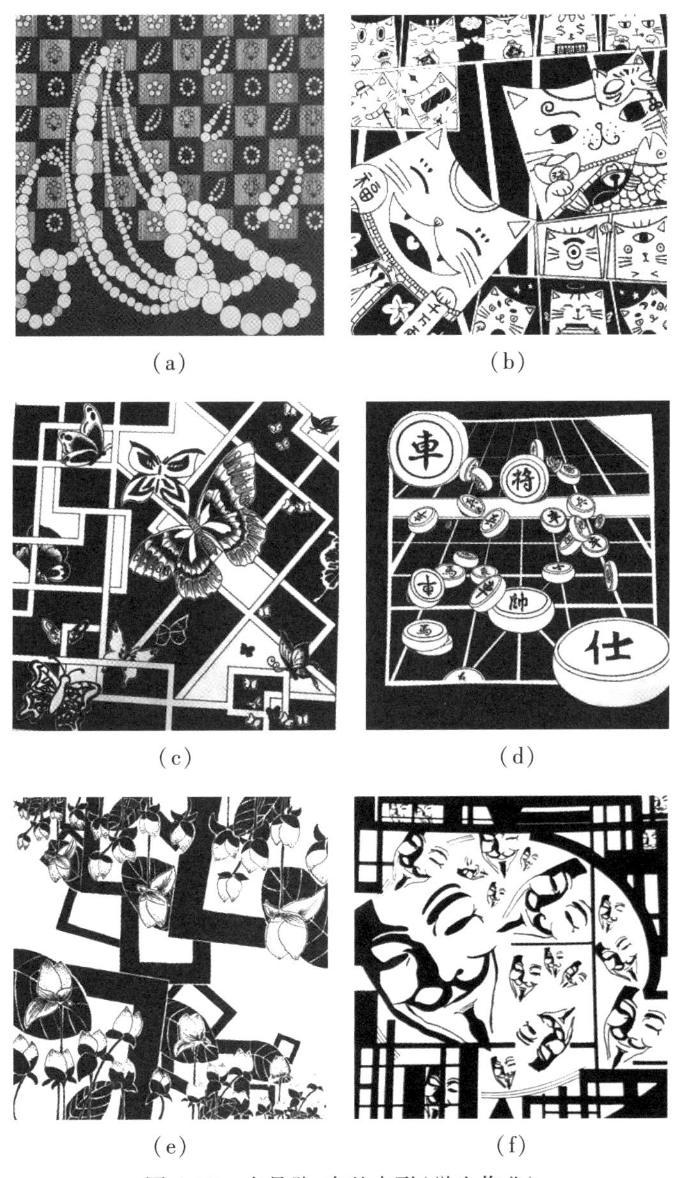

(a) (b)

(c) (d)

(e) (f)

图4.23 有骨骼,有基本形(学生作业)

4.3.2 有基本形,没有骨骼

画面不用线来搭架子,直接放基本形。基本形在放置的时候,可对大小、方向、色彩、疏密等作出变化(图4.24)。

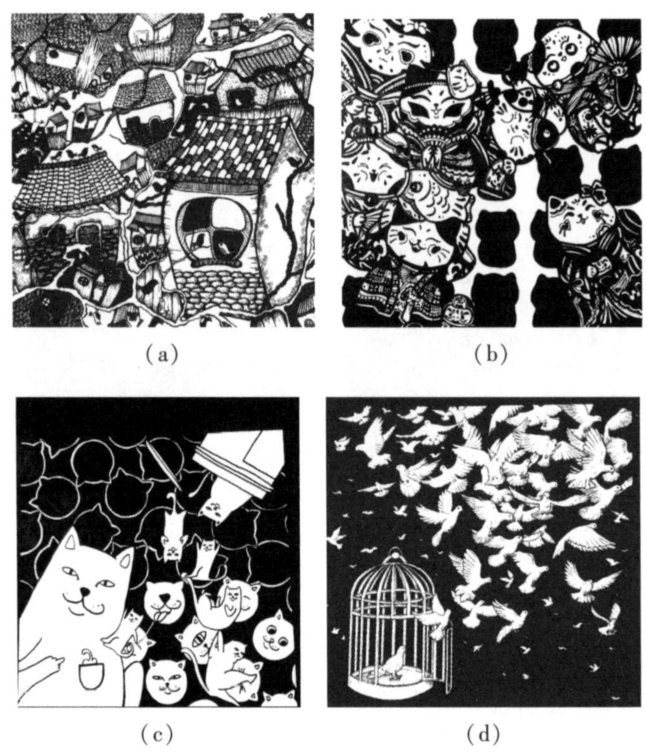

(a) (b) (c) (d)

图4.24 有基本形,没有骨骼(学生作业)

4.3.3 只有骨骼,没有基本形

画面直接用线来作为骨骼,分割空间,无须增加基本形。骨骼线在粗细、长短、颜色、形状、疏密等方面变化,画面一样丰富而充实(图4.25)。

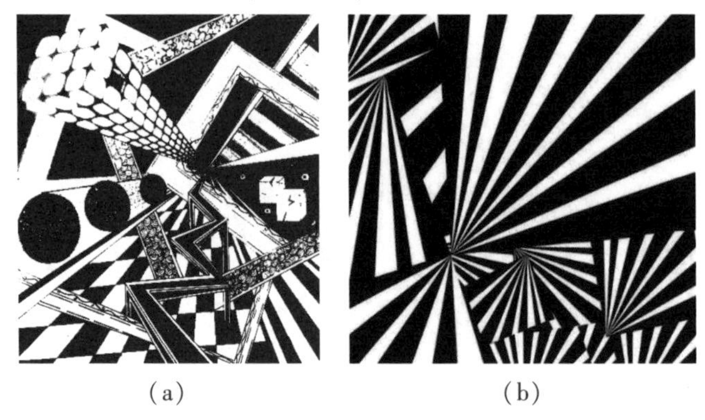

(a) (b)

图4.25 只有骨骼,没有基本形(学生作业)

4.4 基本形与骨骼和风景园林的关系

骨骼相当于构图。无论是概念的生成还是到最后平面图的设计，骨骼起到举足轻重的作用。面对设计对象，首先是构思，可以在平面图上先用线搭架子，既是骨骼又可以分隔功能空间。先可以不考虑线的使用功能，重点考虑骨骼的美感，接着再考虑哪些线是园路、哪些线是水景、哪些线是植物、哪些线是铺装……如果是园路，可以根据园路的设计规范制订线的走向，并考虑园路的尺度、园路的围合。骨骼搭好以后，就是放基本形了。这些基本形，是各种造园元素，也是点、线、面，如草坪、水景、花坛、广场等。在平面图中把控平面造型、相对位置和关系，使景观设计的表达更加合理，艺术效果更好。这些造园元素一般以抽象的形态存在，根据功能分区放在搭好的骨骼框架之内。

基本形与骨骼能为园林平面设计提供具有视觉冲击力的造型要素，它们是抽象出来的图形、三维空间形体在平面上的形象塑造。基本形与骨骼还能为园林平面设计提供清晰的构成法则，即形式美法则，景观平面借此来完成空间平面序列的组织，并使这些元素按照一定的艺术法则在平面上进行组合。

课程作业

题目1：基本形组合

要求：(1)把方和圆作为基本形；

(2)基本形确立后，每张画面都是由这些基本形来组合；

(3)每张画面基本形的组合方式任意，可以有多种组合方式；

(4)基本形在每张画面群化的大小、数量、方向、完整程度上任意；

(5)每张画面在外形上找不同；

(6)每张画面在点线面上找不同；

(7)群化后的形状具有独立性，如商标、图案之类；

(8)每张图尺寸 10 cm×10 cm，共 10 个。

题目2：骨骼构成练习

要求：根据骨骼不同特点，设计四张骨骼构成，每张尺寸 20 cm×20 cm。

5 平面构成的基本形式

在限定的空间内，按照形式美原则组合画面，形成一种规律，并将这种规律运用到实际的设计实践中，这种规律就是平面构成的基本形式，包括重复构成、渐变构成、发射构成、密集构成、特异构成、肌理构成等多种形式。每一种形式虽然有自身显著的特点，但在应用时并不是绝对的、单一的，很多时候你中有我，我中有你，相互联系，不能截然分开。

5.1 重复构成

5.1.1 重复构成的概念

相同的基本形或骨骼在画面中连续反复出现，出现的次数越多，面积越大，重复的感觉越强烈。重复是最基本的构成形式。

5.1.2 重复构成的形式

1）绝对重复

绝对重复，基本形或骨骼在大小、方向、色彩、位置、形状等方面无任何变化，严肃、正式、大方、理性，是重复构成的初始形式。波普艺术中把这种重复形式叫作机械复制，这种单一形象的不断复制，并不是简单的再现，它说明了人们对物体态度的改变，存在一定精神价值和思想内容，当然它也可能是呆板僵化的（图5.1）。

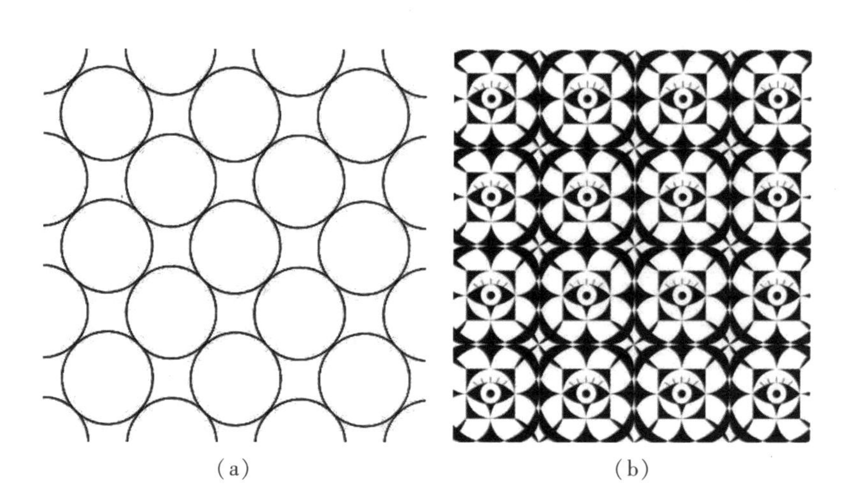

(a)　(b)

图5.1　绝对重复

2)相对重复

相对重复,基本形或骨骼在大小、方向、色彩、位置、形状等方面有变化,严肃活泼。不规则的相对重复增加了重复构成的丰富性和图形的变化,具有更多的随意性和自主性(图5.2)。

(a)　(b)

(c)　(d)

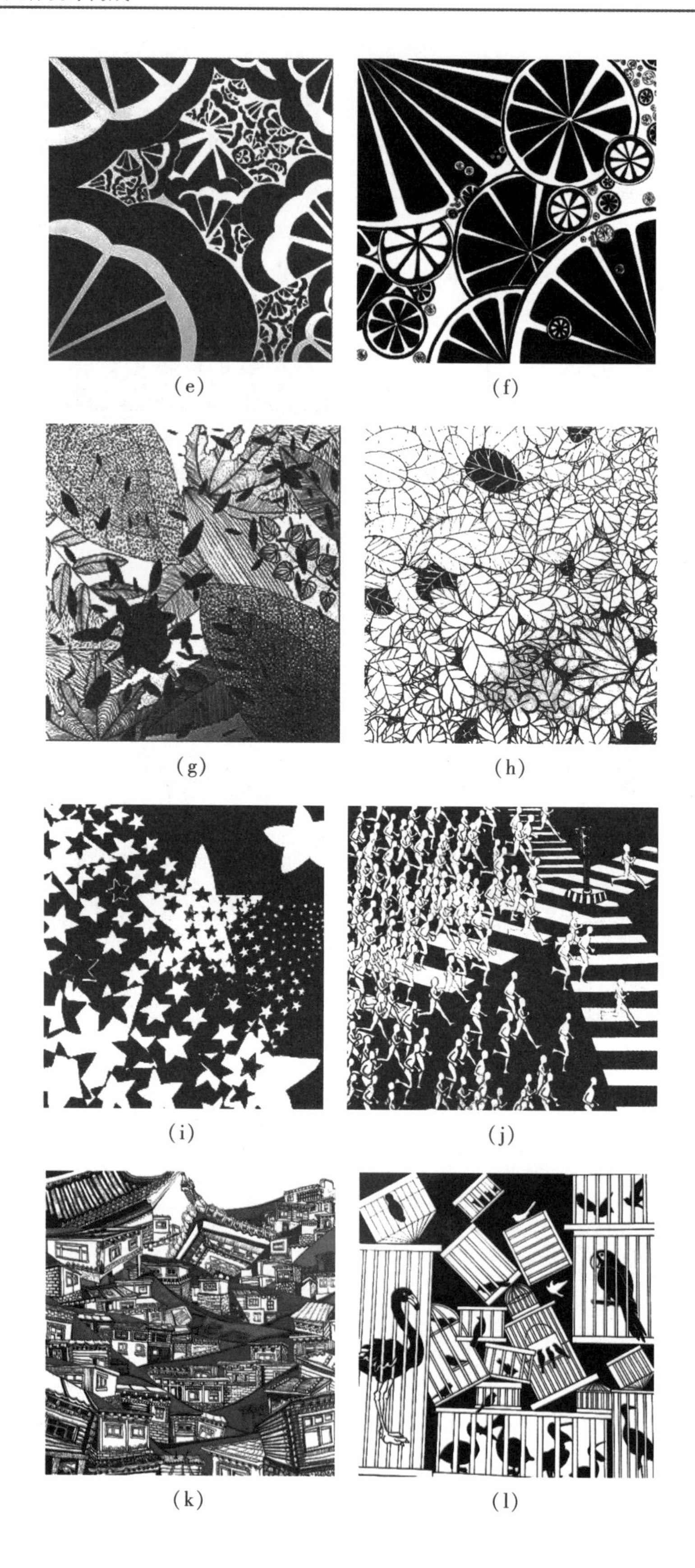

(e) (f)

(g) (h)

(i) (j)

(k) (l)

(m)　(n)

(o)　(p)

(q)　(r)

(s)　(t)

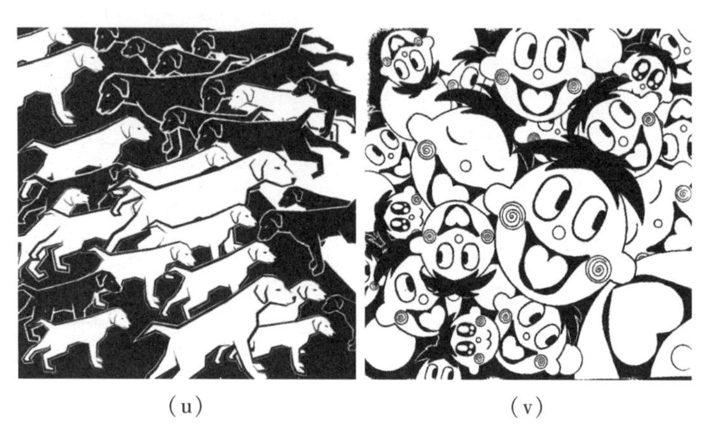

(u)　　(v)

图 5.2　相对重复(学生作业)

5.1.3　重复构成的作用

重复构成体现在很多地方,在生活中重复构成形式是很常见的,如楼梯的台阶、天花的装饰、大厦中的窗、书架上的书、植物的花与叶子,等等,都是生活上所能看到的重复构成形式。重复构成严谨、整齐、规则,但处理不好,容易造成刻板、机械的感觉。重复构成在设计中的作用有:

1) 加强记忆

相同基本形或骨骼的反复出现,会造成印象的反复叠加强化,使观者印象深刻。这时,基本形或骨骼成为刻画的重点,引人注目。

2) 丰富画面

运用重复可以造成量的积累和面积的扩大,同时,小而细密的基本形重复排列会有类似肌理的视觉效果,丰富了画面。

3) 协调统一

重复构成的骨骼和基本形具有重复性质,所具有的秩序感和条理感可以产生和谐统一的效果。

4) 节奏感强烈

重复构成有规律性,画面整齐统一,从而形成节奏感。尤其是绝对重复的画面,秩序性节奏感更强。

5.1.4 重复构成在风景园林中的应用

重复是平面构成的一种基本形式，是视觉元素从单一化、简单化转向多元化、丰富化的构成，具有单纯的秩序力量。通过基本形或骨骼的重复排列，以同一视觉形象的反复出现强化视觉对图形构成整体的注意力和认知度，从而加强了图形对视觉的冲击力，强化了构成平面的整体关系。重复带来数量上的变化，将简单的基本元素组合成有气势的整体，最大化地将设计作品展现出视觉冲击力，这是重复手法所具有的独特语言。重复单纯而又丰富，能够使差异得到净化，而丰富的重复又让每个单纯的个体海纳百川。重复的线、色、大小等元素，带给观者畅想的空间，形成有规律的节奏视觉感，使人的思维也随之变化。重复是富有的，不是单调的，重复坚持了自己的独特，又包罗万象。

重复构成在园林景观中随处可见：地面上的铺装、相同植物的排列组合、建筑外立面的窗户，不断出现的路灯、凳子、垃圾桶、指示牌等景观设施，或者用相同的造型分割的地面空间（图5.3）。如图5.4所示，圆形可以用任何造园元素来实现，重复的圆形在这样的空间被强化和认同，并产生有序的美感。图5.5属于大地装置艺术，用相同材料相同造型装饰美化大地，整齐统一，气势磅礴。相同形状的水泥砖，平面与立体的结合，有规律、有秩序，如此汀步景观，美感与安全感同在（图5.6）。同一东西的重复堆砌，形成一种强烈的视觉冲击力。它们放在一起，形成一个整体，很有质感，这种美感是其他视觉形式所不能代替的。图5.7平面图设计，是用具象的树叶作为主要造型分割地面空间，叶子重复出现，强化形象，同时具有装饰性，美化了地面空间。

(a)

(b)

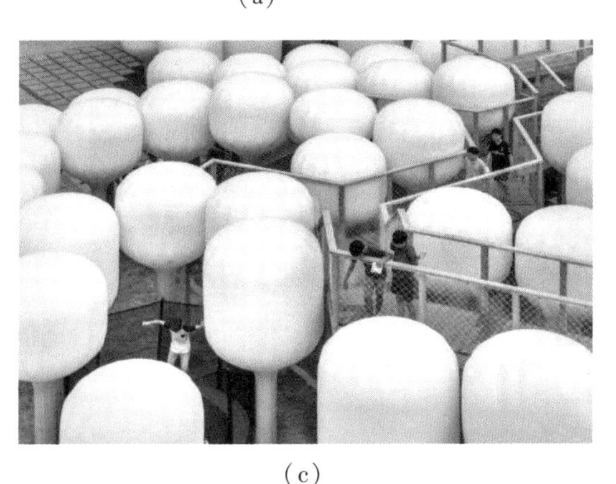

(c)

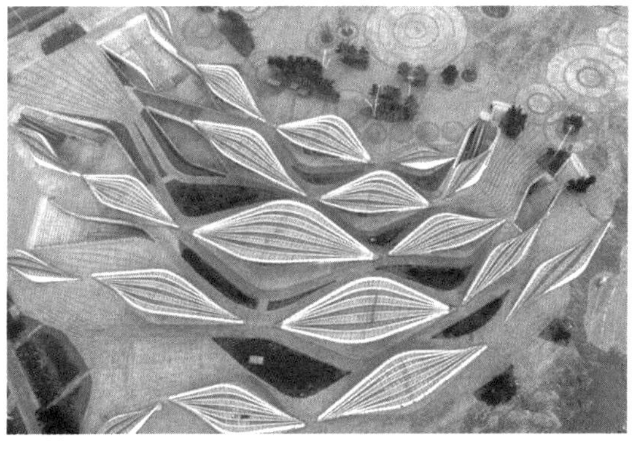

(d)

(e)　　(f)

(g)　　(h)

图 5.3　景观实景中的重复现象

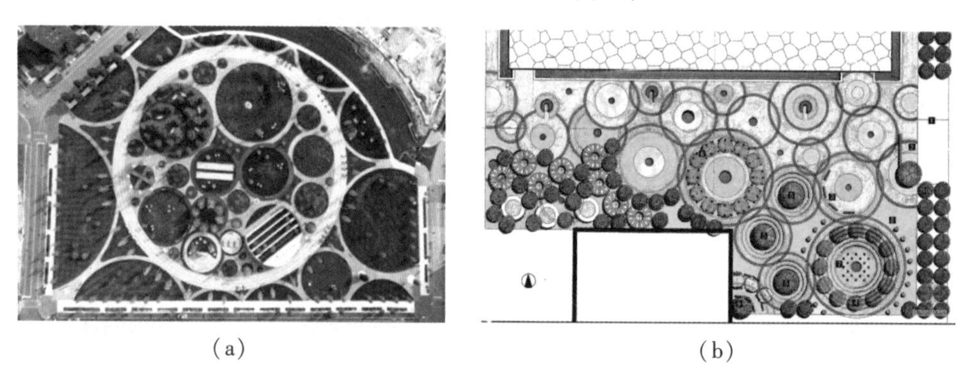

(a)　　(b)

图 5.4　圆形在景观中的重复

(a)　　(b)

图 5.5　大地艺术

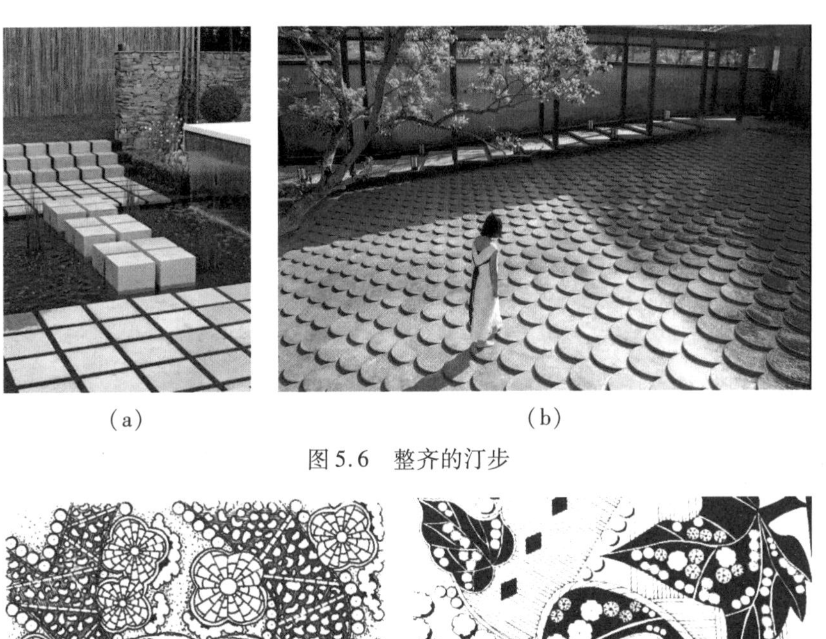

（a）　　　　　　　　　　　　（b）

图 5.6　整齐的汀步

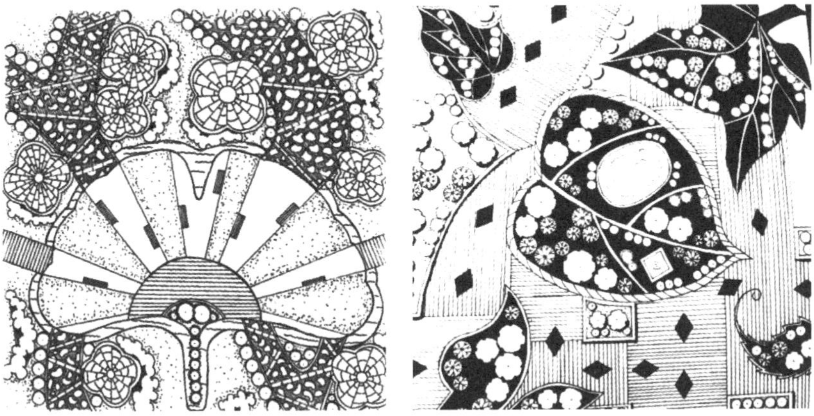

（a）　　　　　　　　　　　　（b）

图 5.7　叶子重复平面布置图（学生作业）

地面铺装的重复形式是指利用铺装材料的同一要素或同一骨骼来进行连续的、反复的排列，给观者以景观铺装上的连续性。这样的排列方式，整齐统一，画面和谐而富有秩序，重复形象的出现，会增强观者对此处景观铺装的记忆，增进对景观的识别度（图 5.8）。

（a）　　　　　　　　　　　　（b）

图 5.8　重复的地面铺装

地面被自由直线形分割，这些自由直线形是各种极端重复的图像，被分别复制在混凝土这种材料上。这种重复图像的建筑尺度和材料质感已完全超越了绘画和印刷品等纸制媒介所具有的视觉感受，设计师在这些自由直线形里栽种不同的植物，并以此构成了含有各种解读方式的地面表皮，使人耳目一新(图5.9)。

(a)

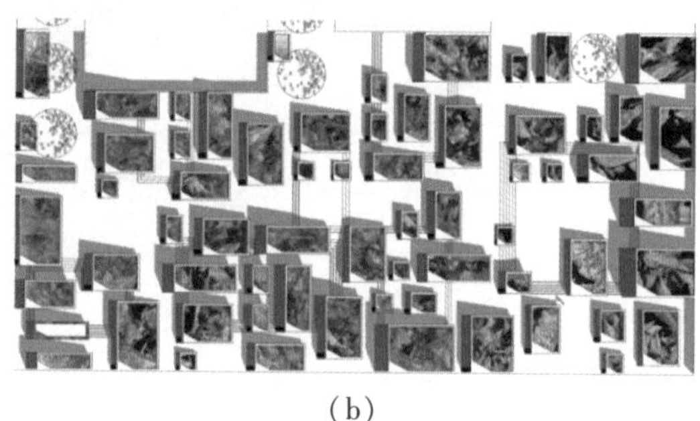

(b)

图5.9　重复的种植形状

在建筑外立面窗户的设计中，重复是非常普遍的应用形式。利用重复所组成的窗户，在外形看来，能够产生规律性的节奏感，从界面高度来看能够提升结构的整体性。这种表达方式当然也很容易出现重复性过于单一的情况，不能满足审美要求。所以，一些设计感极强的建筑，其外立面的窗户重复排列时，在大小、疏密、方向、位置等方面发生变化，形成相对重复的状态，有统一，有对比，有秩序，有冲突(图5.10)。

(a)

(b)

图5.10　窗户的相对重复

重复是一种常见的表现手段。当设计师需要对某一艺术形象或某一动势美感进行强化时，重复就是一种简单而有效的处理方式。可以利用这种相同视觉元素的排列，创造出有规律的变化，从而达到突出其特征的目的，让观者在潜意识中跟随视觉上的连贯性而得到连续、统一、和谐的视觉感受。作品《篝火》位于深圳大鹏新区溪涌工人度假村内的闲置烧烤场地，场地被树木环绕，南侧面临大海和溪涌沙滩。这片集中烧烤场地由几十个圆形或方形的烧烤单元组成(图5.11)，其同质、重复的整体面貌呈现，可以作为曾经计划经济时代整齐划一的“集体”方式的完美比喻。此外，集中烧烤这种规模性复制的消费行为，也是在快速、焦躁的消费社会所形成的文化危机中，对集体行为的一种下意识的延续。

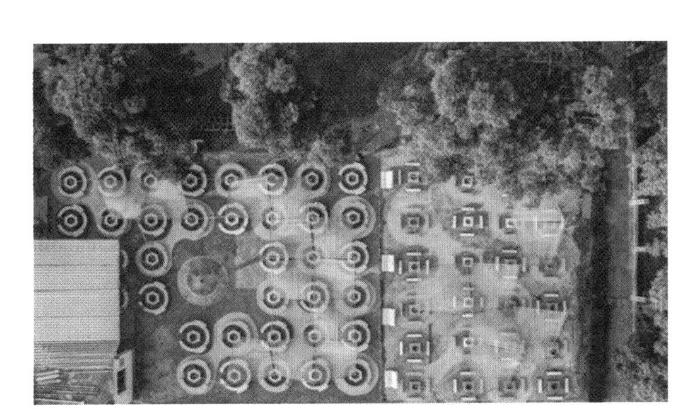

图 5.11 《篝火》装置

课程作业

题目 1:拍摄身边园林景观中的重复构成现象

要求:做成 PPT,图片不少于 20 张。

题目 2:重复构成设计

要求:选择一个基本形,做相对重复四张图片。每张图片尺寸为 20 cm×20 cm。

5.2 渐变构成

5.2.1 渐变构成的概念

基本形或骨骼按照一定的秩序有规律地循序变化。渐变一定有规律性,有规律性的不一定是渐变。渐变不但有规律性,还要把逐渐变化的过程表达出来。变化太快会失去渐变的特性变成突变,变化太慢会过于趋同,失去变化性而呈现重复感。渐变构成的画面一定有规律、有秩序,否则就失去了渐变的特性。

5.2.2 渐变构成的形式

1)基本形渐变

(1)形状渐变

形状渐变,是指从一个形逐渐过渡到另一个形,可以从抽象到抽象,也可以从具象到抽象。形状渐变中,基本形有规律地逐渐增减变化,如蝶的蜕变、月的盈亏、植物的生长。绘画中应用形状渐变的代表人物是荷兰画家埃舍尔,他的画作对平面设计的影响非常深远(图 5.12)。完全没有任何联系的形状只要抓住共性,消除个性,都可以进行形状渐变。这种渐变不受自然形态的约束,探求变化过程的新奇趣味,能够吸引人的注意,具有强烈的欣赏情趣(图 5.13)。

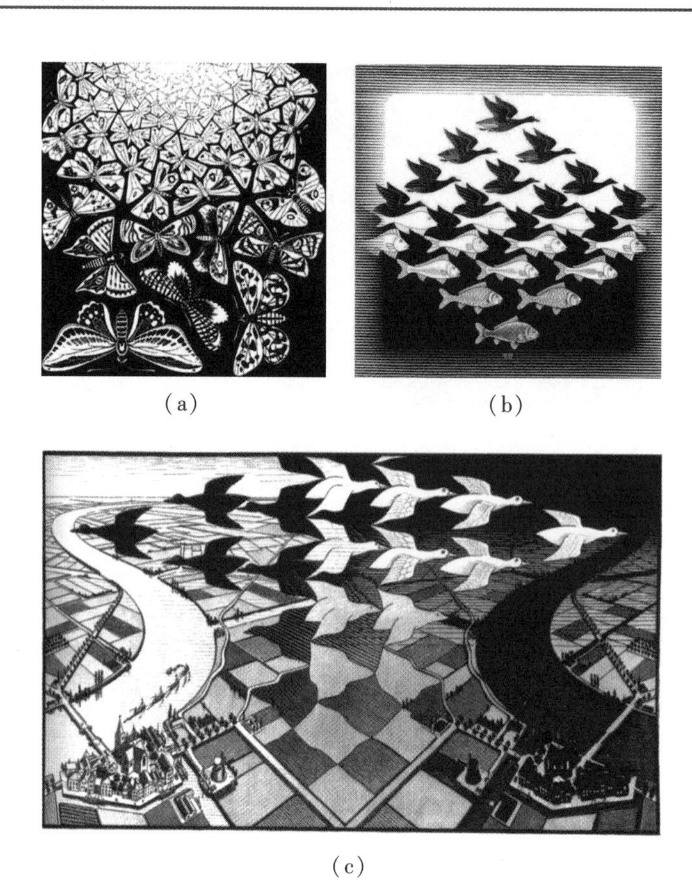

（a）　　（b）

（c）

图5.12　埃舍尔绘画中的形状渐变

（a）　　（b）

（c）　　（d）

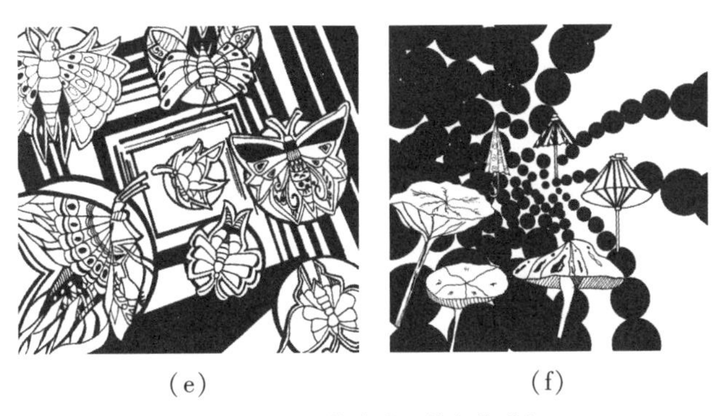

(e) (f)

图 5.13 形状渐变(学生作业)

(2)大小渐变

大小渐变,是指基本形由大到小或由小到大逐渐发生变化,具有强烈的透视感和空间感(图 5.14)。

(a) (b)

(c) (d)

(e) (f)

（g）　（h）

（i）　（j）

（k）　（l）

（m）　（n）

(o)　　　　　　(p)

图5.14　大小渐变(学生作业)

(3)方向渐变

方向渐变,是指基本形在形状不变的前提下可作方向角度的逐渐变化,如从左到右、从上到下等渐次变化,增强运动感和立体感。图5.15既有方向渐变,又有大小渐变。

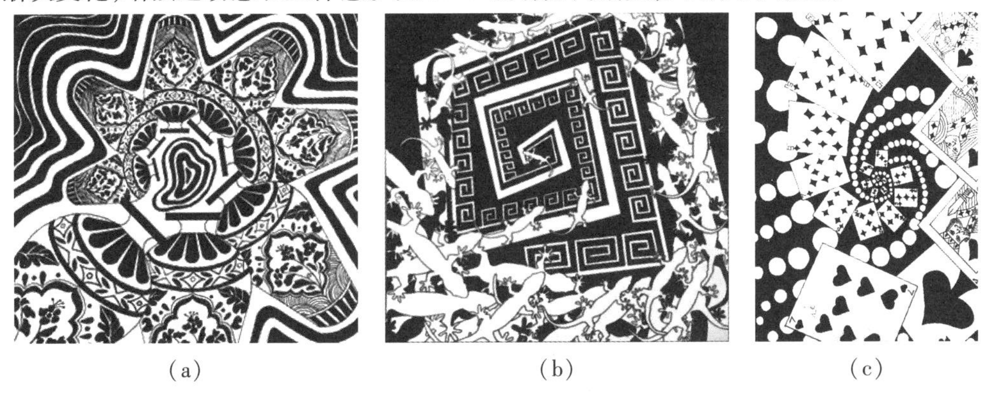

(a)　　　　　　(b)　　　　　　(c)

图5.15　方向渐变(学生作业)

(4)位置渐变

位置渐变,是指基本形在骨骼单位内位置的逐渐变化,或者基本形从一个位置逐渐有序地移动到画面另一个位置,如从左到右、从上到下等。

(5)色彩渐变

色彩渐变,是指基本形从暗到亮、从一个色相到另一个色相的过渡变化。图5.16中,图(a)既有色彩明暗渐变,又有大小、形状渐变;图(b)既有色彩明暗渐变,又有大小渐变。

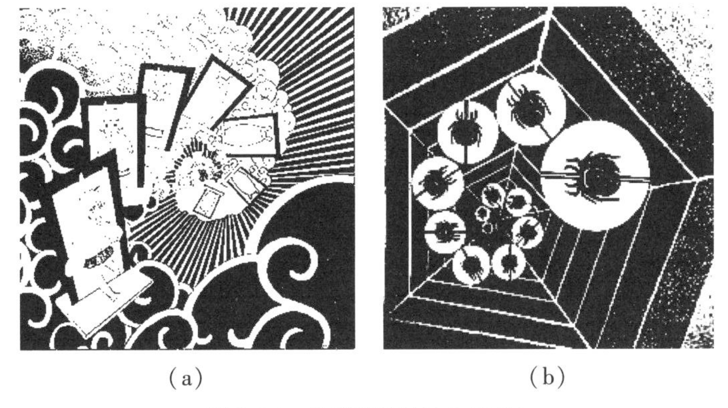

(a)　　　　　　(b)

图5.16　色彩渐变(学生作业)

2）骨骼渐变

骨骼渐变，是指骨骼在大小、疏密、色彩、方向等方面有规律地变化，骨骼也可以单独成画，不需要添加基本形来丰富画面（图5.17、图5.18）。

图5.17　骨骼渐变（学生作业）

图5.18　骨骼渐变

5.2.3　渐变构成的作用

1）有节奏韵律感

画面有规律地发生变化，可急可缓，流畅生动，具有极强的节奏和韵律感。

2）塑造空间

形态大小的渐变，可以产生一定的空间和透视感，在二维的空间有三维的视觉感受。

3）变化统一

基本形之间的巨大差异通过渐变，可以和谐共处在一张画面中，均衡有致。

5.2.4　渐变构成在风景园林中的应用

时间一秒一分地过去，草地黄了绿、绿了黄，四季花开花谢，太阳从东方慢慢升起，树苗渐渐长成参天大树，一切都处在渐变过程中。自然规律的渐变，运用到设计语言中，使基本形或骨骼渐进地、循环地、有秩序地变动，制造韵律感、节奏感和旋律感，给观者抒情、流畅的视觉感受。

渐变是一种强调事物变化过程的设计方法，它往往会将变化中的节奏、韵律很好地体现出来。在设计中运用大小渐变的构成形式，可以在平面中产生空间的错觉感受。在实际生活中，只要有进深空间，观者就能感受到路灯由近到远在视觉上形成的由大到小的渐变，道路由近到远的宽窄渐变，这些渐变都出自同样的视觉感受。基本形因空间位置的移动，产生形象大小的渐变，从另一个角度来看，是远近的渐变，具有空间的深度感。基本形变大时有前进感，基本形变小时有后退感，在视觉上便产生出高低错落的美妙节奏。

这些设计手法在园林设计中非常具有特点：第一，有开始与终结或循环渐变，这种重复的渐变或有比例地重复，就形成了特有的节奏感；第二，渐变的距离有缓急处理，或由缓至急，或由急至缓，或整体急缓变化，这样的渐变形式可以在设计中形成视觉焦点，从而获得设计上的强弱或轻重对比关系。

渐变构成因其强烈的节奏和韵律，具有形式美感。表现渐变要注意节奏的连续性、循序感，否则就失去了渐变的特性。在园林中渐变一般用在局部，如地面铺装、围墙、花坛、景观设施、雕塑等（图5.19）。渐变构成是园林设计中提高和丰富效果的重要方法，它不仅仅是一种设计手段，更是对事物形象连续性的概括与表达。将这种手法的设计思维融入当代园林设计中，从而产生一种崭新的创造力，增强审美情趣。

(a)　(b)　(c)　(d)　(e)　(f)　(g)

(h) (i) (j) (k) (l) (m)

图5.19　景观中的渐变

课程作业

题目1:拍摄身边园林景观中的渐变构成现象

要求:做成PPT,图片不少于20张。

题目2:渐变构成设计

要求:选择一个基本形,做不同渐变四张图片。每张图片尺寸为20 cm×20 cm。

5.3 发射构成

5.3.1 发射构成的概念

发射构成,是指基本形或骨骼围绕发射点由内向外或由外向内运动。生活中或自然界中发射构成现象很普遍,例如水从管中倾泻而下,吹出泡泡,放孔明灯,扔飞镖,射击,刮龙卷风,火山迸发,阳光普照大地、鲜花盛开……

5.3.2 发射构成的形式

1)构成图素

(1)发射点

发射点可以是点、线、面、体,可以是抽象的、具象的。画面内可以有一个发射点,也可以有多个发射点。发射点可以在画面内,也可以在画面外。发射点是运动的起始点,是元素的集中点,往往能形成视觉焦点。发射点的灵活运用,可以形成不同的形式美感。

(2)发射线

发射线既是骨骼,又是发射线,可以增强画面的动感和空间感。发射线是直线,快速、简洁、有力;发射线是曲线,有旋转的感觉;发射线是折线,威力大,破坏力强。发射线的粗细、长短、颜色、形状都可以发生变化。

(3)基本形

发射状态下的基本形可以在朝向(基本形的方向朝向发射点)、消失(基本形作大小渐变,越到发射点越小)、聚拢(靠近发射点最密)三方面强化发射的动态感觉(图5.20—图5.22)。

(a)

(b)

图5.20 基本形朝向发射点(学生作业)

图 5.21　基本形渐变消失(学生作业)

图 5.22　基本形朝发射点聚拢(学生作业)

2) 构成形式

(1)一心式构成

一心式构成,画面中只有一个发射点(图 5.23)。发射点往往形成视觉焦点,最好偏左或偏右,不要放在画面中心,否则容易显得死板。

(a)　(b)　(c)　(d)

图 5.23　一心式发射(学生作业)

(2)两心式构成

两心式构成,画面中有两个发射点。和一心式相比,其发射点的变化更多,可以形成两个视觉焦点(图5.24)。

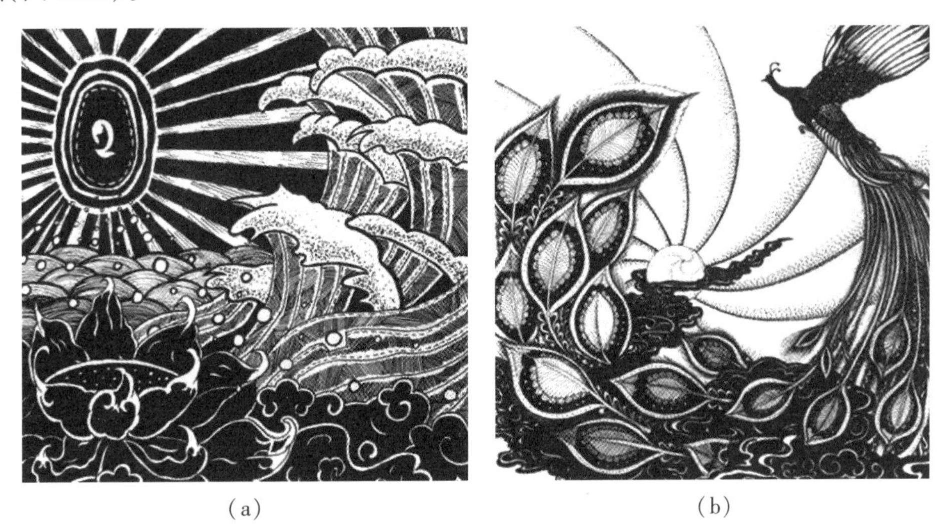

(a)　　　　(b)

图5.24　两心式发射(学生作业)

(3)多心式构成

多心式构成,画面中有三个或三个以上发射点。发射点多了,画面变化更丰富(图5.25)。

(a)　　　　(b)

图5.25　多心式发射(学生作业)

(4)螺旋式构成

螺旋式构成,由骨骼旋转形成,基本形按照旋转骨骼逐渐变化,离发射点越远越大,具有透视强烈的空间关系,也有强烈的旋转感。

(5)同心式构成

同心式构成,只有一个中心,一层层扩展出去,如石头投入水面、光波。

(6)离心式构成

离心式构成,从发射点向外面运动,如放飞气球、开灯(图5.26)。

(a) (b)

(c) (d)

图5.26　离心式发射(学生作业)

(7)向心式构成

向心式构成,从外面向发射点运动,如扔飞镖、打靶等(图5.27)。

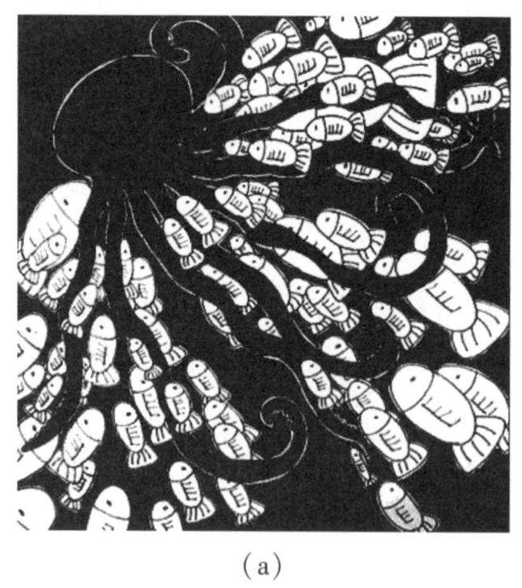

(a)

(b)

（c）　　　　　　　　　　　　（d）

图 5.27　向心式发射(学生作业)

3)发射构成多种形式综合运用

发射构成不一定只是单一形式,也可以由多种构成形式形成丰富多彩的画面。形式的综合运用是最常见的发射构成(图 5.28)。发射构成把瞬间的动态场景记忆记录下来,在二维的空间里虽然是静止的,但因它强大的爆发力、视觉冲击力带给观者心理上的暗示,使观者产生广泛的联想,引起动态感。这样的画面因为强调二维空间上的动势,而且构成方法多变、强烈、注目,具有极强的视觉效果和形式美感。

（a）　　　　　　　　　　　　（b）

（c）　　　　　　　　　　　　（d）

(e) (f)

(g) (h)

(i) (j)

(k) (l)

（m） （n）

（o） （p）

（q） （r）

（s） （t）

（u）　（v）

（w）　（x）

（y）　（z）

图 5.28　发射构成(学生作业)

5.3.3 发射构成的作用

1)形式感强

在构成中,发射视觉效果最强烈,有焦点,有动感,能给观者强烈的吸引力和极佳的视觉体验。

2)动感强烈

发射构成再现的是动态的瞬间场景记忆,体现速度、爆裂、喷涌,动感强烈。

3)视觉吸引

发射线或基本形围绕发射点运动,一般发射点就是画面中心,有聚焦作用,势必更吸引观者的注意力。

4)有透视感

发射骨骼或基本形从里到外或从外到里运动,产生空间关系,有近大远小、近宽远窄、近实远虚的透视感。

5.3.4 发射构成在风景园林中的应用

发射来源于生活但高于生活。发射有两个显著特点,一是有聚焦点,通常是画面的中心;二是有很强的空间速度感、辐射感和方向感。在设计中,发射重复和渐变的某些特征,有时是一种特殊的重复或一种特殊的渐变。发射独有的聚焦性,常常成为现代设计作品中的亮点,被广泛用于各种设计当中。在园林平面布局中,发射构成用得最普遍,发射线分割地面空间,既是园路,又是分割线,具有强烈的形式美感与强大爆发力和张力(图5.29、图5.30)。

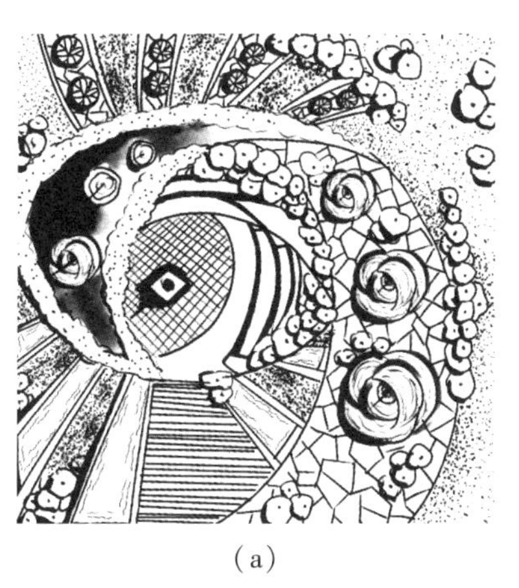

(a)

(b)

(c) (d)

(e) (f)

图 5.29　发射状平面布置图(学生作业)

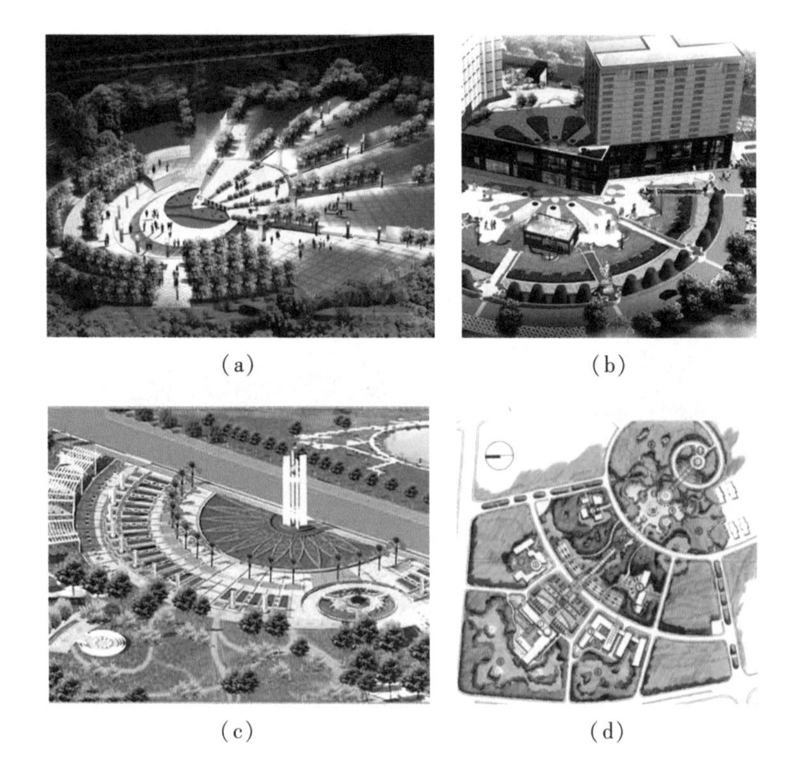

(a) (b)

(c) (d)

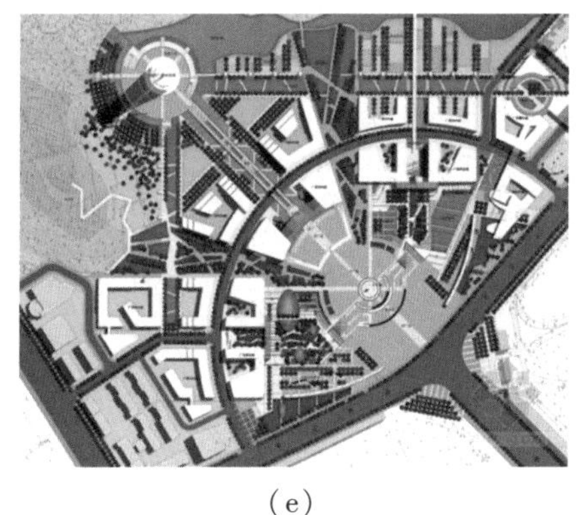
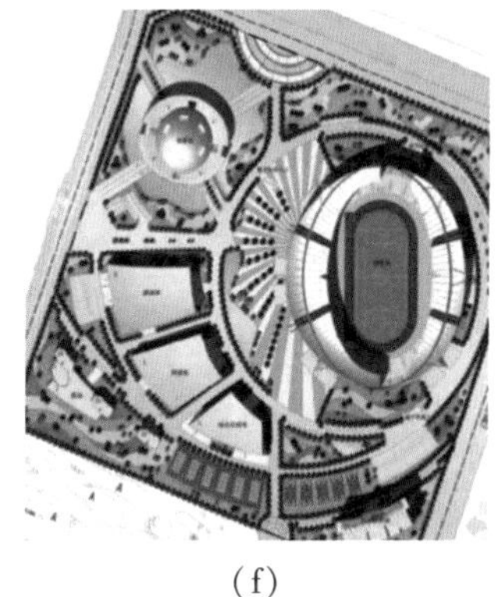

（e）　　　　　　　　　　　　（f）

图 5.30　发射状平面布置效果图

发射构成视觉效果强烈，使所有的形象向中心集中或者扩散，发射构成的这些特点在空间组织与处理上有着非常重要的意义和作用。在园林设计中，一般以主景观轴为中心向四周扩展分布。或者说，让流通路径和其他空间以整体景观中的重点空间为中心进行延伸，最后，整个空间就会形成发射感。重点空间成为各个流通路径的交汇点，也是发射点，使规模和功能并没有什么必然性关联的各线性空间朝重点空间集中起来。发射构成还可用于雕塑和建筑中，使静态的景观形态变得有动感（图 5.31、图 5.32）。图 5.33 采用的是发射状地面铺装，线从发射点向外扩散，或向里聚拢，形成一种运动的视觉感受，使画面产生强烈的动感和纵深感。图 5.34 采用的是螺旋式发射，基本形由中心向外旋转发射，形成一种流动的幻视，画面呈现给观者活泼、自由、明快与生生不息的视觉感受，而这种构成形式恰恰满足了画面主题思想的传达。

图 5.31　一点式发射景观雕塑

图 5.32　一点式发射建筑

（a）

（b）

图 5.33　一点式发射地面铺装

(a)　　(b)

(c)　　(d)

图 5.34　螺旋发射

课程作业

题目 1:拍摄身边园林景观中的发射构成现象

要求:做成 PPT,图片不少于 20 张。

题目 2:发射构成设计

要求:选择一个基本形,做不同发射四张图片。每张图片尺寸为 20 cm×20 cm。

5.4 密集构成

5.4.1 密集构成的概念

密集是事物的大量聚集。密集是构成中最自由的形式,基本形或骨骼之间间距不一致,基本形可以相同相似或各异,小而多,排列有疏有密,形成疏密、虚实、松紧的对比效果,具有视觉张力。

5.4.2 密集构成的形式

1)形与形的密集

形与形的密集,是指形与形之间形成疏密对比,同时还可以在大小、颜色、方向上等变化(图5.35)。光有密没有疏、光有疏没有密,都不称为密集构成。

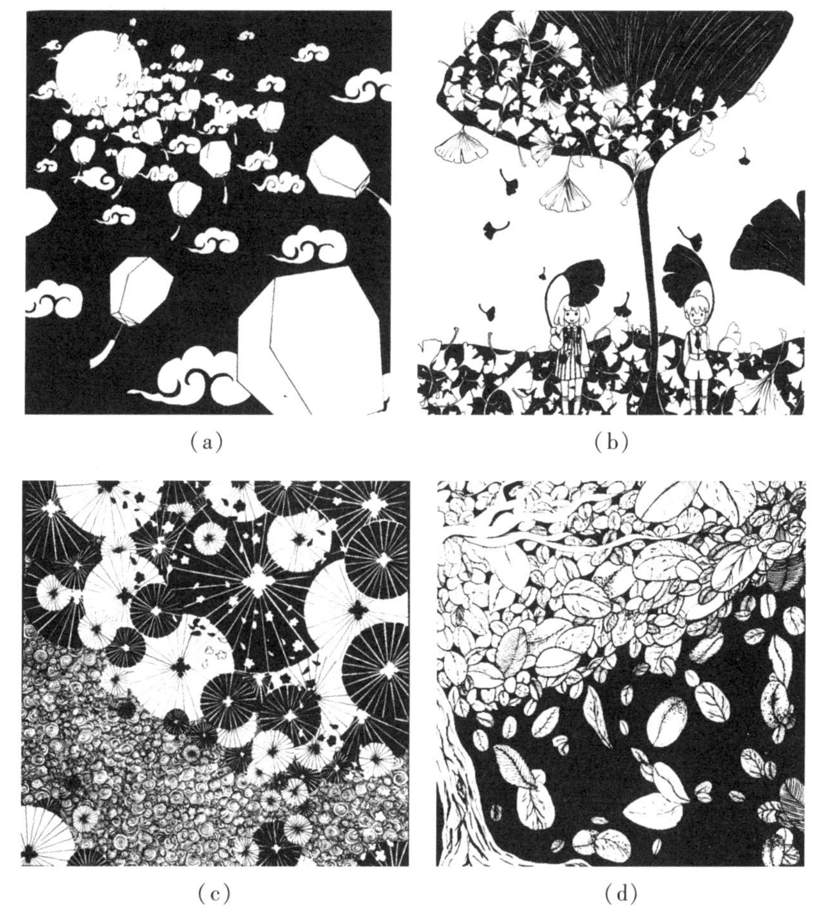

(a) (b)

(c) (d)

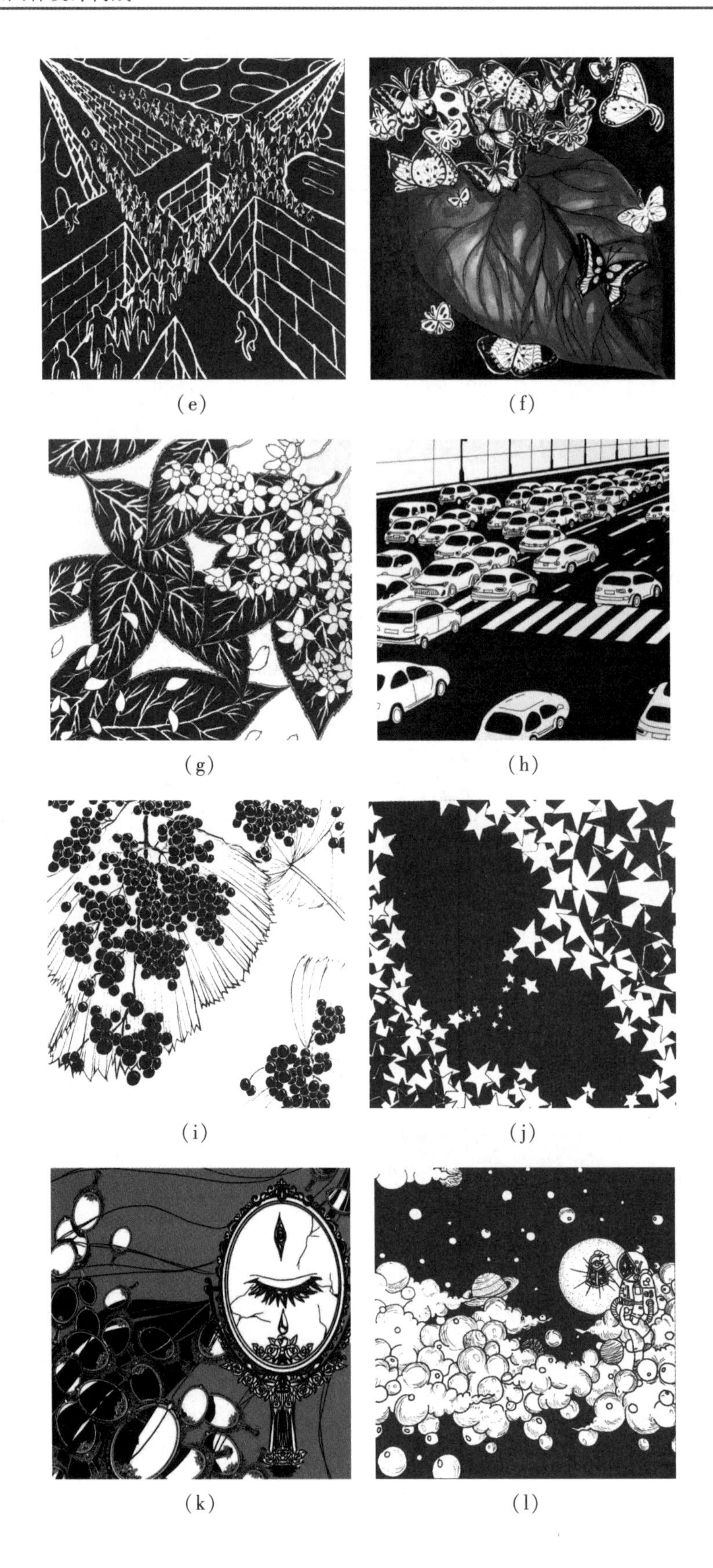

(e) (f)

(g) (h)

(i) (j)

(k) (l)

（m） （n）

（o） （p）

（q） （r）

（s） （t）

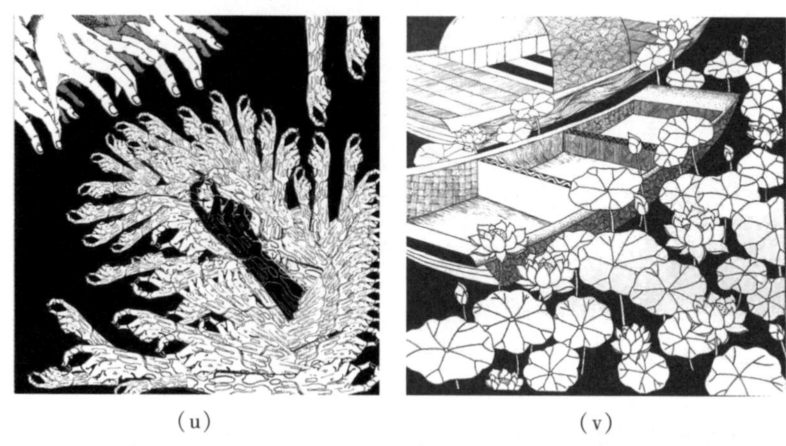

(u)　　　　(v)

图 5.35　密集构成(学生作业)

2)骨骼密集

骨骼密集,是指骨骼疏密上形成对比,同时大小、颜色、形状等也可变化(图 5.36)。

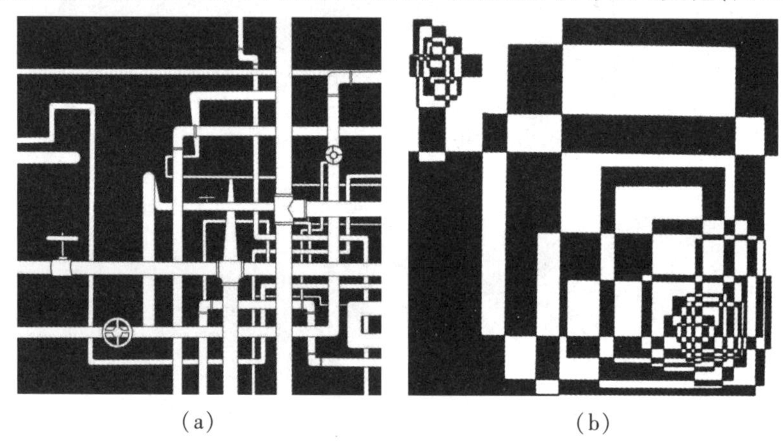

(a)　　　　(b)

图 5.36　骨骼密集构成

5.4.3　密集构成的作用

1)画面有主次

最集中最密集的地方往往是设计中的主体和重点,在画面中占主导地位,稀疏的部分占次要地位,属于从属关系。对于自由的组合方式来说,画面繁而不乱,有主有次,可以起到统一画面的作用。当然,密集和稀疏的地方都可能成为视觉中心。

2)丰富画面

密集构成的形状一般都很小,以无数点线的排列形成疏密对比,可形成虚面,丰富画面层次,形成肌理的质感。所以,使块面显得丰富细腻的最有效方法,就是用密集构成包围它。

3)张弛有度

密集构成有紧有松,可以让画面达到均衡稳定的视觉效果。

5.4.4　密集构成在风景园林中的应用

密集构成指在构图时位置分布不均,疏密有致。其中最常见的方法就是留出空间,这种空是无,也叫留白,此时无声胜有声,给观者留下无限遐想的余地。园林中大的疏密对比主要体现在建筑布局、山石、水体以及花木的配置四个方面,小的疏密对比主要体现在局部,如铺装上。在自然式园林中,疏与密恰如其分的对比关系,是营造园林意境的关键之一。中国画讲究疏可走马,密不透风,这也适用于描述自然式园林中疏密对比的强烈程度:密的地方如千岩万壑、万马奔腾,疏的地方仅数峰兀立、形单影只。在种植设计上,密集构成可表现为孤植和群植,也可表现为密林、疏林和草地。以密林作为背景,以疏林作为主景,前方再配上空旷的草坪。密集的地方,由于景观内容繁多,目光应接不暇,节奏变化快速,观者的心理和情绪随之兴奋和紧张;而在稀疏的地方,空间显得空旷缺少变化,观者豁然开朗,心情自然恬静而松弛,这两种环境必不可少,相辅相成。只有密集没有稀疏,观者张而不弛;只有稀疏没有密集,观者弛而不张,两者结合起来才能张弛有度。这样的意蕴美感,为观者营造绵延的想象空间,在心理及视觉上创造更开阔的审美享受。密集构成的基本形可自由散布,有疏有密,最密或最疏的地方常常成为整个设计的视觉焦点,造成一种视觉的张力,像磁场一样,并带有节奏感。密集构成还能利用基本形数量和排列的不同,无中之有,有中之无,有与无相互衬托,虚与实相生相长(图 5.37—图 5.40)。

(a)

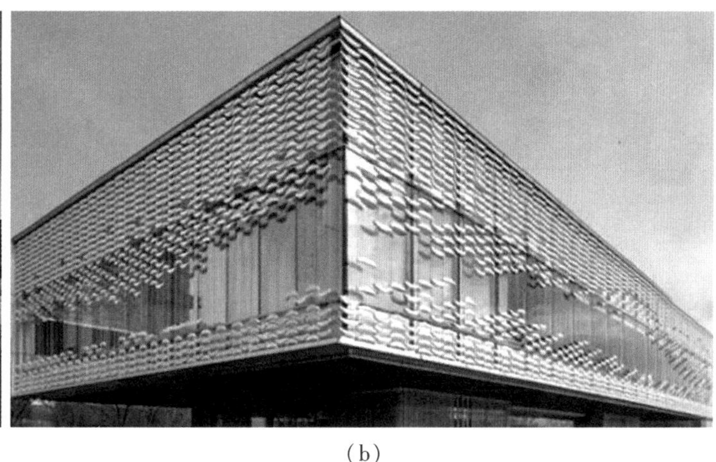

(b)

图 5.37　建筑立面密集构成

(a)　　(b)

图5.38　地面铺装密集构成

图5.39　密林与草地形成疏密对比

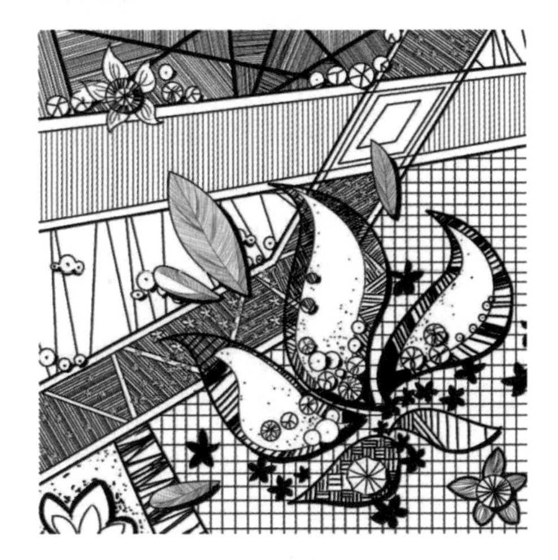

图5.40　平面布置疏密对比(学生作业)

课程作业

题目1:拍摄身边园林景观中的密集构成现象

要求:做成PPT,图片不少于20张。

题目2:密集构成设计

要求:选择一个基本形,做不同密集四张图片。每张图片尺寸为20 cm×20 cm。

5.5 特异构成

5.5.1 特异构成的概念

特异是对规律的突破,使画面中的极少部分与整体秩序不符,但又与规律不失联系。变化部分是画面的焦点,具有极强的视觉传达能力。设计师常常利用特异手法,突出画面的重点,传达特定的信息,引人注目,并使整个画面更加活泼。

5.5.2 特异构成的形式

1)基本形特异

基本形特异,基本形在大小、形状、方向、位置、色彩等打破规律性,形成焦点,对比强烈(图5.41—图5.43)。

(1)大小特异

大小特异,基本形在大小上的特殊性,能强化基本形的形象,使形象更加突出鲜明,也是最容易使用的一种特异形式。

(2)形状特异

形状特异,以一种基本形为主,而个别基本形在形象上发生变异。基本形在形象上的特异,能增加形象的趣味性,使形象更加丰富,并形成衬托关系。

(3)方向特异

方向特异,基本形的方向在大多一致的情况下,少部分方向不一致。

(4)位置特异

位置特异,基本形位置整齐统一,少部分打破规律。

(5)色彩特异

色彩特异,色彩上的少许不同,可以丰富画面色彩,又具有视觉焦点。

(a) (b)

(c) (d)

(e) (f)

(g) (h)

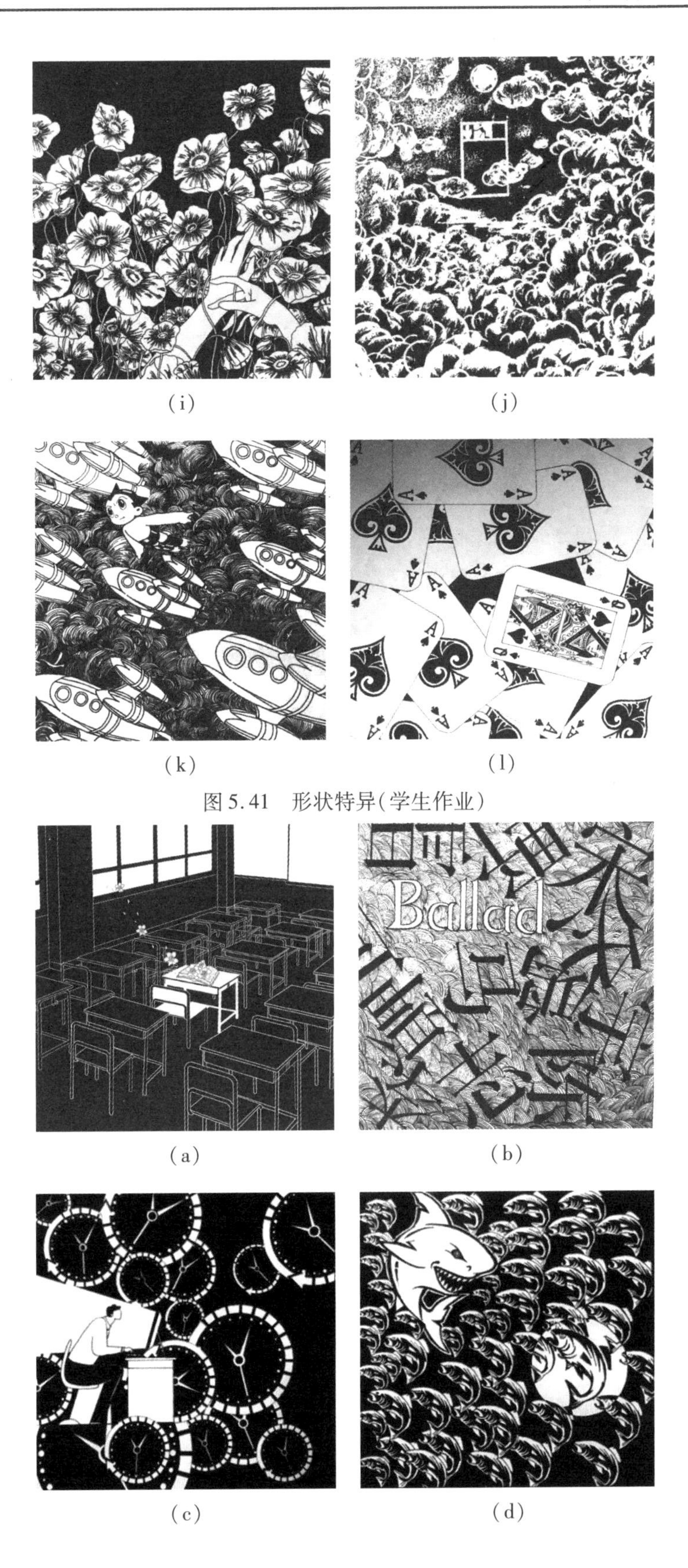

(i)　(j)

(k)　(l)

图 5.41　形状特异(学生作业)

(a)　(b)

(c)　(d)

(e) (f)

(g) (h)

(i) (j)

(k) (l)

(m) (n)

(o) (p)

(q) (r)

图 5.42 形状颜色特异(学生作业)

(a) (b)

(c) (d)
(e) (f)

图5.43 颜色特异(学生作业)

2)骨骼特异

骨骼特异,是指骨骼少部分打破规律,形成视觉焦点,不需要添加基本形(图5.44)。

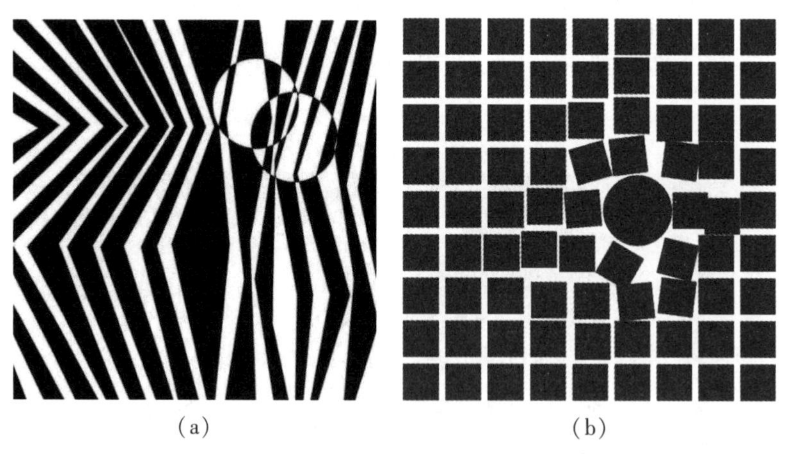
(a) (b)

图5.44 骨骼特异

5.5.3 特异构成的作用

1)突出中心,焦点作用

特异是指构成要素在有秩序的关系里,有意违反秩序,使少数个别的要素显得突出以此打破规律性。特异的效果是从比较中得来的,通过小部分打破规律的对比,使观者在视觉上受到强烈刺激,形成视觉焦点。特异构成焦点很小,一般不超过两个,多了或面积大了就不是焦点了。

2)对比强烈,具有极强的视觉冲击力

特异是通过打破规律让观者第一时间发现不同之处,从而引起重视。特异最有难度之处在于,它既是对比最强烈的构成形式,又要保持画面的和谐,这个度难以把控。变化太小,刺激性较低,难以突出视觉焦点;变化太大,会过于生硬和突兀。

5.5.4 特异构成在风景园林中的应用

特异是对比的一种特殊形式,是最强烈的对比。简单地说,特异性就像基因突变,结果往往出人意料。特异是创意设计中的一种重要方法,通过对完整形象的局部或性质上的变化,使之产生新的形态和含义。特异在表现中随个性而产生,能在形形色色的设计中跳出来,给观者以强烈的视觉震撼。运用特异构成的设计,会出现特殊的视觉效果,特异构成中的变化部分会成为视觉的中心焦点,用这种方法引起观者的注意和重视。特异的方式多种多样,为创意和想象留下了空间。

在寻常视觉中,如果一些荒诞的、反常规的元素出现,势必带来观者心理的强烈变化,达到四两拨千斤的功效(图5.45)。图5.46本来是常见的凳子,人形图案成为焦点,让普通的景观凳熠熠生辉,不同寻常。特异构图上的整齐和统一,加上局部的变化,画面既可以控制稳妥,又不会沉闷单调。

特异以其反传统的思维方法、超常规的构形方式,把一切梦幻的、荒诞的和不可能实现的想象世界变成图形上的现实,看似不合逻辑,却十分贴切,往往能从大量司空见惯的平庸图形中脱颖而出。在园林设计中使用这种特异的手法,同样可以产生富有个性化的戏剧性效果。同一种材质在有规律的前提下进行,其中局部性地发生变化,这种形式往往跟着主题走,传达出某种情境。特异构成是相对的,是在保证整体规律的情况下,小部分与整体秩序不和,但又与规律不失联系。其变化的程度可大可小,以突破规律的单调感,使其形成鲜明反差,造成动感,增加趣味性。特异构成的墙面或地面铺装打破单调,产生新奇的、生动活泼视觉效果的铺装形式,像是很长时间里,被岁月沉淀的静郁里绽放出摇曳生辉的花。(图5.47)

(a)

(b)

图 5.45 建筑外形特异

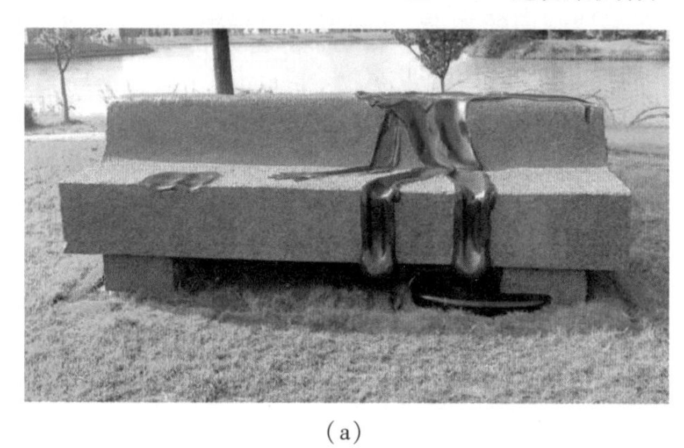

(a)

(b)

图 5.46 特异的景观凳

(a)

(b)

(c)

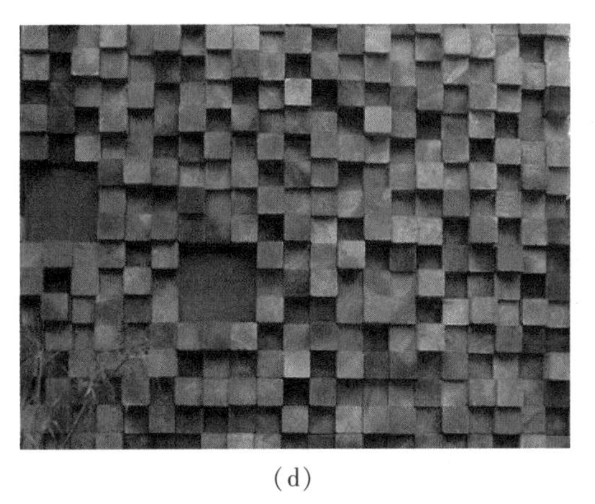

(d)

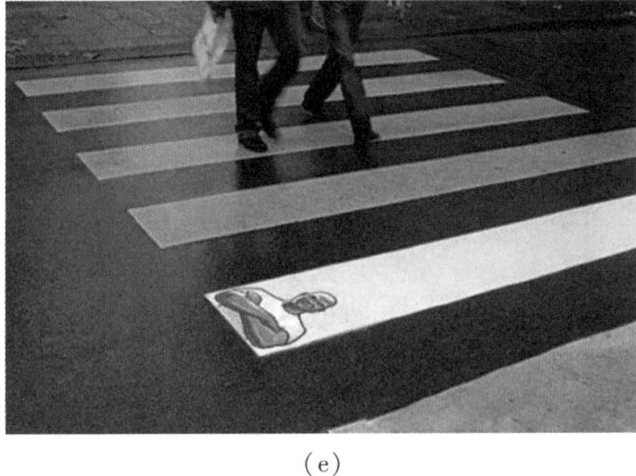

(e)

图 5.47 景观中的特异

课程作业

题目 1:拍摄身边园林景观中的特异构成现象

要求:做成 PPT,图片不少于 20 张。

题目 2:特异构成设计

要求:选择一个基本形,做不同特异四张图片。每张图片尺寸为 20 cm×20 cm。

5.6 肌理构成

5.6.1 肌理构成的概念

肌理指物体表面的结构和纹路。任何物体表面都有肌理,只是有的以肉眼分辨不清。当然,平面构成中的肌理大多肉眼可见。

5.6.2 肌理构成的形式

肌理分为视觉肌理、触觉肌理、自然肌理、人工肌理。

1) 视觉肌理

视觉肌理,看起来凹凸不平,摸起来是平的。

2) 触觉肌理

触觉肌理,看起来凹凸不平,摸起来也是凹凸不平。

3）自然肌理

自然肌理，大自然中天然形成的，独特的、不可复制的，如树皮、岩石、竹木表面的纹路等（图5.48）。

（a）（b）（c）（d）

图5.48　自然肌理

4）人工肌理

人工肌理，人工制造出来的肌理，如绘画作品、纺织品等（图5.49）。

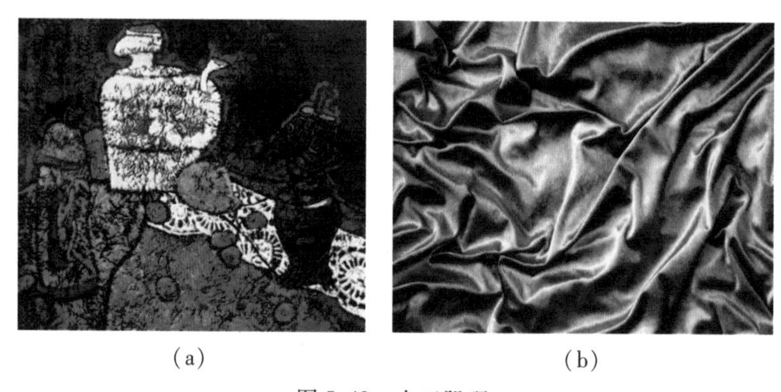

（a）（b）

图5.49　人工肌理

5.6.3 肌理构成的作用

1)丰富视觉形态

树木的迤逦多姿、古道的曲折逶迤、山岩的怪石嶙峋、老屋的斑驳沧桑,无不呈现出奇妙无限、变幻无穷的自然肌理之美。绘画中颜料的层层堆积及自然渗透形成的肌理亦真亦幻、心醉神迷。从自然肌理到人工肌理,科学的发展,让肌理成为一种新的视觉语言。当然,肌理并不都是美的,只有当它在一个特定的空间、特定的环境、特定的光线之下才能呈现出某种美感。肌理一般通过不规则的点线来完成。点、线的面积和体积相对较小,小就是细节,可以起到丰富平面的作用。

2)各种材料的质感表达

肌理不是独立存在的,而是属于物体的细部处理。它一方面作为材料的表现形式而被人们所感受,另一方面则通过先进的工艺手法,创造新的肌理形态。不同的材质、不同的工艺手法可以产生各种不同的肌理效果,并能创造出丰富的外在形式,增强物体的立体感和层次感。或光滑、或质朴、或粗糙、或华丽,肌理天然去雕饰、变幻无穷的视觉美感让人叹为观止。越来越多的设计更加注重肌理的运用和开发,以肌理的美延伸产品的形态空间及质感内涵。

5.6.4 肌理构成在风景园林中的应用

斑驳的印记、历史的沧桑、岁月的摧残、无序的状态,这是肌理的质感。随着时间流逝,它们大多数的命运是被拆解形成碎片,或归零消失于世间;它们也有被设计师利用,生命得以延续,因而产生了视觉艺术中一种有机而富于生命力的语言——肌理质感。与完美、圆满相比,肌理质感是视觉语言中一个特殊的符号,一种崭新的审美形式,更有着不同寻常的惊心动魄的艺术魅力。

在园林设计领域,肌理随处可见,如地面铺装、围墙立面等,就是不同的植物,也有独特的肌理形态(图5.50)。肌理在园林设计中以点、线、面的形态被设计师用各种方式呈现出来,或组团、或三三两两、或独立存在。无论是一块块绿地还是地面铺装,或者是景观平立面的表达,肌理都以它独有的个性符号吸引了观者的视线(图5.51—图5.53)。

(a)

(b)

(c)

图5.50　植物肌理

图5.51　丑石

图5.52　地面铺装

图5.53　鹅卵石铺装

有些肌理是残缺的，不完美的。肌理产生也许是自然鬼斧神工的结果，也许是历史原因造就，也许是设计师有意为之。设计师追求肌理特质，是追求剥蚀残损形成的古雅、拙朴、历经沧桑的残破，追求不齐之齐、不平衡的平衡、变化了的统一，追求没有工业文明的虚伪、僵硬和死板，追求有强烈的历史感和时间性的设计形式，追求日益失去的原本纯真的向往。设计师利用肌理，关注的不仅是支离破碎残缺形体的艺术魅力，还有肌理下不同的意境和内涵。

1）肌理的历史感

完美的城市理想，仿佛就等同于建气势恢宏的现代化大都市。每每那些散存的历史景观与城市经济发展相冲突时，其残缺破败就成为被无情舍弃的最好理由，最后的结局总是献祭于磅礴的时代脉搏中。然而，当下所谓的现代化大都市正以一种标准化的模式不断进行复制，水泥森林充斥其中，园林景观风格雷同，城市的历史文化内涵日渐削弱，地域文化特征日益丧失，成为城市永远的遗憾。其实，历史景观的保护和城市的现代化发展并不是矛盾对立的，历史景观资源更不是城市发展道路上的障碍和包袱。保护并不意味着停滞不前，建设也不一定要破坏固有，历史风貌与现代文明完全可以在城市中高度统一，使城市既具有历史感又具有现代感。

历史延续性是城市园林景观发展的根源。城市的园林景观设计实践，只能在保护的基础上发展，在发展的过程中更新。那些残破的街区、建筑、景观，每一件破碎的物体都在无声诉说着历史的曲直,诉说着设计师对世界的思考和暗示。对这些破碎遗迹的保留,肌理在这里体现的审美价值是历史的碎片、精神的碎片、承载心灵家园的碎片。设计师不掩饰破碎景观、不掩饰历史,就是对历史最大的尊重。

图5.54是外国墙绘艺术家Vhis和他团队的作品。肖像来源于住在这里的普通拆迁户,通过拍照和投影的方式,利用凿子敲打墙面创作而成。他们对原有杂乱的拆迁工地重新定义,保留人像上斑驳的纹理、残缺的墙体,在历史文脉与发展范式之间,实用与审美之间生动对话,给观者带来对于建筑和生活方式创造性的理解。这些残破的景观,无声地诉说着城市的巨大变迁。图5.55圆明园遗址公园展示的不是月白风清、柳暗莺啼,而是残垣断壁、碎砖烂瓦。触目惊心的视觉效果、满目疮痍的景观碎片,无不记录着曾经辉煌的时刻和不堪回首的惨痛过往,景观在破碎中绽放、在粗糙中涅槃。从整个中国来说,需要有这么一个区域。大而言之,人民需要它、社会需要它、国家需要它、世界需要它。

图5.54　墙绘

图5.55　圆明园遗址公园

2)肌理的破碎感

肌理具有偶然的不规则的痕迹,或呈现出不完整的形式结构。从某种意义来说,残破比完整更真实,更接近大自然的状态。肌理边沿产生的不规则形的自然裂痕,变化万千。把这些质地、光感、形状、大小各不相同的肌理组合成有机的整体,独特、无法复制,丰富了园林景观材料表现语言。景观透过肌理,发现材料的生命痕迹,体会残缺散发出的与众不同的艺术魅力。图5.56中,用不规则石块来铺路,和整齐简单的规则石块铺路相比更加赏心悦目,自然天成,充满生机。这样的景观质感丰富,和周围光滑的材质形成强烈对比。因为破碎,才消亡;因为破碎,才圆满。有些生命,以为它消亡了,其实它以另一种方式,实践着自己不一样的价值。肌理,即使是支离破碎,但也不乏对视觉语言的凝练思考。外表的破碎只是一个表象,一个载体,深层次是设计师对精妙主题的把握,重新定义肌理的符号,最大特点是视觉上的冲击力,震撼人心,给观者耐人寻味的想象空间。

(a)

(b)

图 5.56　碎片铺装

3)肌理的装饰感

用马赛克式的铺装作为肌理进入风景园林设计领域,代表人物是世界建筑大师高迪。他别出心裁,创造性地运用碎陶瓷片、玻璃片、天然石材等多种材料来装饰景观,代表作品有古尔公园。公园里很多座椅、栏杆、柱子、建筑都运用多种质地和形状的材料碎片进行镶嵌装饰,图案拼贴,从而具有强烈的平面装饰效果。无论碎片是马赛克还是石头,高迪都运用得出神入化(图 5.57)。

图 5.58 是大连马赛克公园。灵感来自中国宋代的汝窑,利用不同颜色的陶瓷碎片物化公园的路面和长凳以及博物馆的外墙,形成色彩缤纷的肌理,空间充满活力。图 5.59、图 5.60 是四川美术学院虎溪校区景观。色彩形状不同的碎片,成为装饰的一部分,别具审美情趣,传达出一种神秘意念。走在这些景观中,那些原始自然又幻彩烂漫的空间,充满天真童趣与超凡脱俗的风格,让观者仿佛置身童话般的奇幻世界。图 5.61 中,颜料尽情地在大地上泼洒,任性、自由、奔放,让残破的建筑焕发勃勃生机。

图 5.57　古尔公园

图 5.58　大连马赛克公园

(a)

(b)

图 5.59　四川美术学院校园景观

图 5.60　罗中立美术馆

图 5.61　旧房改造

4)肌理的生态感

注重节能减排、追求低碳生活,是现代生活的一个重要理念,体现在设计中的每一个细节。对于景观改造对象中原有的树、野生的植物、废弃的山水、工业垃圾等,不能简单认为是丑的,认为其没有利用价值。废弃物在丧失了其原始功能之后,但经历时间的浸染、岁月的摧残,形成独一无二的质感,经过设计师之手同样可以发挥其不同的使用功能和观赏价值。

生态主义倡导对原土地材料的再生循环利用,给设计提供了更大空间,废弃物的应用形式更加灵活。废弃物不仅仅局限于建筑垃圾、枯死的花草树木,还包括更广泛的生活废弃物,这也展现了园林设计对选材的开放性态度。废弃物经过设计师的保留、更新和再利用,可以成为景观小品、装置、设施等,具有陈旧的质感,在破碎中绽放、在粗糙中涅槃(图 5.62—图 5.69)。以这种重构的方式将废弃物融于环境中,不但丰富了设计语言、肌理形态,还可以减少污染,减少对资源的开发,保护并美化环境。

图 5.62　植物雕塑

图 5.63　后工业围墙

图 5.64　四川美术学院校园石围墙

图 5.65　瓦墙装饰

图 5.66　泰国啤酒瓶寺庙

图 5.67　景观雕塑

(a)　(b)

图 5.68　装置艺术

(a)　(b)

(c)　(d)

图 5.69　铺装肌理

课程作业

题目 1:拍摄身边园林景观中的肌理现象

要求:做成 PPT,图片不少于 20 张。

题目 2:肌理构成设计

要求:选择不同的工具和材料,做不同肌理四张图片。每张图片尺寸为 20 cm×20 cm。

综合作业

完成一张综合性作业,形式可参考图5.70。

题目:校园绿地平面图概念设计(黑白稿)

要求:1. 地块是所在校园5000平方米方正土地;

2. 以点线面为基本形,利用重复、渐变、发射、密集等构成形式,根据形式美法则来设计;

3. 比例尺1∶200。

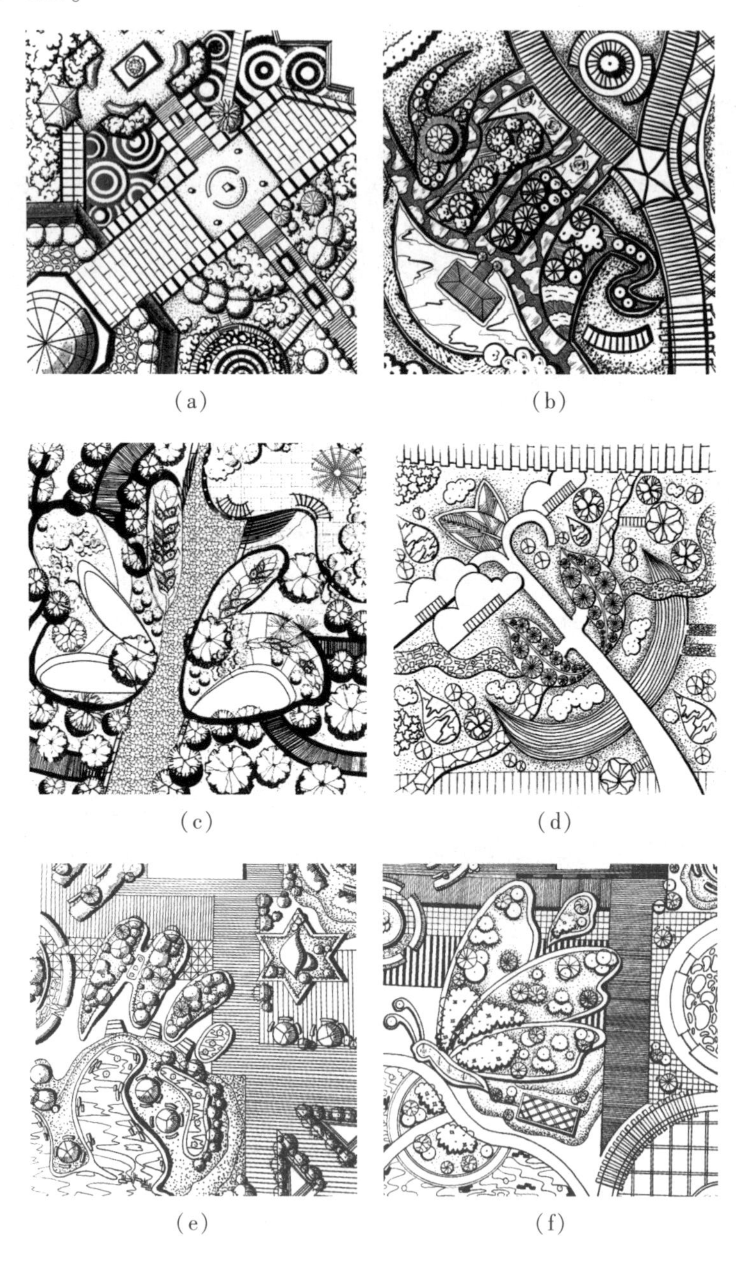

(a) (b) (c) (d) (e) (f)

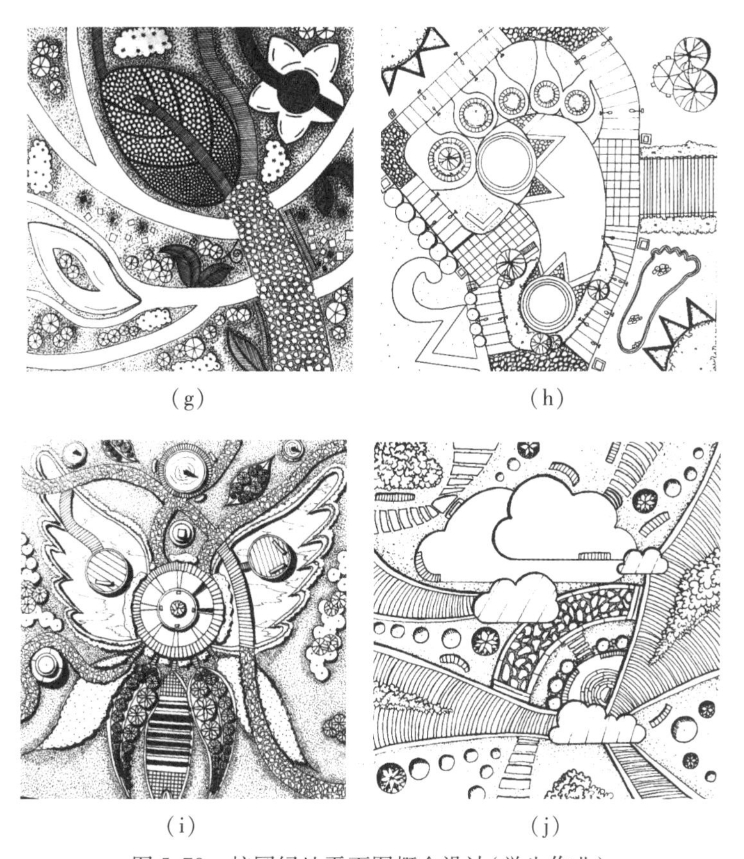

(g) (h)

(i) (j)

图5.70 校园绿地平面图概念设计(学生作业)

第2篇

色彩构成

6 认识色彩

人类生活的地球,到处充满着美丽的色彩。知觉心理学家鲁道夫·阿恩海姆曾经这样描绘:那落日的余晖以及地中海碧蓝的色彩所传达的表现性,恐怕是任何确定的形状也望尘莫及的。生活在万紫千红的色彩世界里,色彩的魅力时时刻刻影响着人们的生活,色彩随个人当下的心情和环境而产生作用,如何认识色彩、了解色彩,对设计色彩的学习者尤为重要。大自然是学习色彩的最好素材,观察和了解生活中的色彩现象是色彩学习必不可少的途径。色彩是自然界的奇观,它为色彩学习者提供了无限的宝藏:清晨冉冉升起的太阳,那从远到近、由冷到暖的色彩变化;繁星璀璨的天空,那透着深邃的蓝;还有那金光照耀的巍巍雪山、广袤的青青草原……

6.1 色彩的感知

当光线照射到物体后对视觉神经产生影响,人们便感知到了色彩的存在。没有光源便没有色彩感觉,人们凭借光才能看见物体的形状、色彩,从而认识客观世界。并不是所有的光都能被肉眼所分辨,只有波长在380~780 nm的电磁波才能引起人的色知觉,这段波长的电磁波叫"可见光"。

光作用于视觉器官,如刺激视网膜细胞,其信息经视觉神经系统加工后便产生视觉。人所感知到的颜色既决定于外界光的刺激特性,又决定于人眼的视觉特性。

人眼的视网膜上存在大量的光敏细胞,按其形状可分为两类,即视杆细胞和视锥细胞。视杆细胞是感受弱光刺激的细胞,对光线的强弱反应非常敏感,对不同颜色光波反应不敏感。视杆细胞在光线较暗的条件下能分辨明暗,这种视觉称为"暗视觉"。视锥细胞是感受强光和颜色的细胞,对弱光和明暗的感知不如视杆细胞敏感,而对强光和颜色,具有高度的分辨能力。锥状细胞更适应明亮条件下的视觉,这种视觉称为"明视觉"。人眼的视锥细胞可分为三种,每种视锥细胞都对某一特定波长的颜色异常敏感,分别对红光敏感、对绿光敏感、对蓝光敏感从而产生相应的颜色感觉。如果三种视锥细胞都兴奋,便会产生白色的视觉;如果三种细胞都不兴奋,便会产生黑色的视觉。

在同一种光线条件下,人们会看到不同物体具有各种不同的颜色,这是因为不同物体的表面具有不同的吸收与反射光的能力,反射的光不同,眼睛就会看到不同的色彩。光在传播时有直射、反射、透射、漫射等多种形式,不同传播方式的光反应在人眼中的颜色也不一样。当光直射时直接传入人眼,视觉感受到的是光源色;当光源照射物体时,光从物体表面反射出来,人眼感受到的是物体表面色彩;当光照射如遇玻璃之类的透明物体时,人眼看到是透过物体的透射色。物体对光的吸收、反射或透射能力,受到物体材质和表面肌理效果的影响,如金属、抛光石材、镜子、丝绸织物等有光滑、平整、细腻表面的物体,对光的反射较强,色彩明亮;毛玻璃、呢绒、海绵等有着粗糙、凹凸、疏松表面的物体,对色光的反射较弱,易使光线产生漫射现象,色彩较柔和。

6.2 色彩的功能

6.2.1 色彩的认识功能

现代科学研究表明,一个视觉功能正常的人从外界接收的信息,80%以上是由视觉器官输入大脑来的。来自外界的一切视觉形象,如物体的形状、空间、位置的界限和物体间的区别等,都是通过色彩和明暗关系来反映的。人们借助色彩认识世界,色彩的认知对人们生活、生产具有十分重要作用。

人会不自觉地受到色彩的影响,色彩影响着人的身体、情绪、心理和精神状态。色彩会唤起人体内的生理化学反应,从而对人的情绪、情感甚至行为产生影响。如果使用得当,色彩能刺激积极的潜意识,有助于恢复内心平衡。色彩的医疗保健特性和色彩疗法已被使用数千年。利用色彩对情绪的影响,通过改变色彩,可以改变心情、缓解情绪,从而提高生活质量。

6.2.2 色彩的艺术功能

《马克思恩格斯全集》中这样描述:色彩的感觉是一般美感中最大众化的形式。现代色彩生理、心理实验表明,色彩不仅能引起人们对物体或空间大小、轻重、冷暖、膨胀、收缩、前进、远近等心理物理感觉,还能唤起人们各种不同的情感联想。不同的色彩配合能形成不同的情调。

色彩对人的一生都会产生巨大影响。人类生活的环境越发多彩,就会有越多的快乐和幸福。无论是在何种设计领域进行创作,设计师们都在倾尽全力来表现自己关于美的解读,向世人传达自己的美学思想。“美学”这个词是从希腊动词“理解”演变出来的。它不是关于我们能看到什么,而是关于我们如何来看。美丽需要知识的底蕴,就像适应于社会文化的艺术,会令大家普遍感到愉悦。当熟知的色彩同积极的联想相关,就会被人们所接纳。例如,如果在黄色房间度过了幸福的童年时光,那么在未来也会非常喜爱黄色,反之亦然。这意味着,将人类先天的色彩感知同后天习得的色彩关联进行有机合理地统一,是设计师在色彩设计上取得成功的根本前提和基本保障。

6.2.3 色彩的科学功能

随着科技的发展,人们对色彩的功能认识更加深刻,色彩被科学有效地应用在众多领域,改善了工厂、学校、机关、医院等工作学习环境;色彩使服装、食品、家用电器、商品住宅、交通工具等衣食住行用品更具诱人魅力。

如有研究认为,红色刺激引起独特的生理变化,尤其是大脑皮层的独特激活,可能正是红色心理效应的生理基础。红色在人类文化中已经成为一种攻击与支配的象征。红色被广泛用于标识禁止、警告、错误等。进而,红色可以影响个体对他人的态度,红色可以影响个体对外界信息的态度。人类社会也不乏用红色来象征爱情和性的例子,如人们用红玫瑰来表达爱意。如果能够找到颜色刺激的属性(包括色调、明度、饱和度等)与效应量之间明确的对应关系,那将对颜色心理效应的应用提供巨大帮助。人类便可以根据需要,灵活调整对颜色的使用。了解色彩,对于设计者十分必需,它会帮助进行有效的色彩设计,使设计色彩表现力得到更大的提升和完善。

6.3 包豪斯色彩教育体系

包豪斯色彩教育体系把平面和立体结构的研究、材料的研究、色彩的研究三方面独立起来,使视觉教育第一次比较牢固地建立在科学的基础之上,而不仅仅是基于艺术家的感觉基础上。

色彩教育是包豪斯教育体系的重要组成部分,直至今日,学习艺术的人还一直在享用包豪斯设计学院色彩教学的研究成果。作为包豪斯设计学院的色彩专业教育大师,瑞士画家伊顿是第一个创造现代设计基础课的人,特别是在他的色彩课上,学生必须通过严格的视觉训练,要对色彩有完全的掌握。就是这最本质的色彩视觉训练,为学生投入色彩艺术实践带来了质的飞跃。伊顿认为考虑色彩时不能脱离视觉图形的因素,由此也谈到色彩和视觉图形有相互依存的关系。他认为视觉感受中最容易接受的是那些明确的几何图形,且每种图形都隐含在基本视觉原理的范畴内。几何图形与光谱中的色彩结合,用越简单、越感性的色彩,就有了艺术品越完美的表现方式(图6.1—图6.4)。伊顿还要求学生进行色彩构图设计,用自己的形式语言来表现不同形状的色彩,研究多种色彩组合在一起的特点。他希望通过这种方式使他的学生敏锐地感受到色彩的"内在意义",也就能更好地利用平面的、立体的视觉形象来表达自己的内心世界。他要求学生做的两个练习特别重要:第一个练习要求学生把握各类质感、图形、颜色与色调,既做平面练习也做立体练习;第二个练习要求用韵律线来分析艺术作品,目的是让学生们把握原作品的内在精神与表现内容。伊顿还要求学生们进一步去观察与诠释真实的世界。

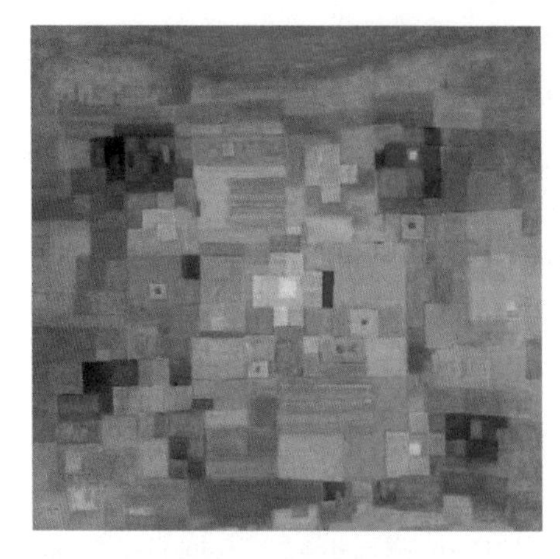

图6.1　伊顿作品1

图6.2　伊顿作品2

图6.3　伊顿作品3

图6.4　伊顿作品4

伊顿及他之后的艺术家对色彩的研究与探索,建立了科学的色彩理论体系,其影响是深远的。在很大程度上,包豪斯的出现对现代设计艺术理论、现代主义设计艺术教育和实践,以及后来的设计美学思想等方面都具有划时代的意义。

课程作业

题目:简述色彩对人类生活的意义

要求:图文并茂,字数不少于2000字。

7 色彩的一般原理

7.1 物体与色彩

7.1.1 物体色

物体色是光源色经不发光物体的吸收、反射、透射等现象反映到视觉中的光色感觉。如平时看到的颜料、染料的色彩,动植物的色彩,服装、建筑的色彩,有机玻璃的色彩,等等,这些光被这些本身不发光的物体反射或投射后得到的色彩统称为物体色。

7.1.2 表面色

漫反射光的物体表面接受光线照射后,吸收了部分光线,将其余光线反射出来所呈现的知觉色(人们眼睛所感受到的颜色正好是反射出来的光线颜色),这种色彩称为表面色。如红苹果表皮只反射红色光线,其他波长的光线被吸收,让人产生红色的感觉。

7.1.3 透过色

某些物体因本身的结构呈现透明或半透明,如玻璃、水晶、各色宝石、有机玻璃等。如该物体可将所有可见光波长的光线全部通过,该物体就是无色透明的;如只通过红色波长的光线,它便是红色的。光线穿过透明或半透明的物体,与物体本身颜色的光线被透射,其他颜色的光线被吸收,透过物体的光线呈现的颜色称为透过色。

7.1.4 固有色

不同物体对不同波长的光具有选择吸收、反射与透射等的特性,所以,它们在相同的光源、光照距离、环境等因素下具有相对不变的色彩差别。色彩的光学原理表明,物体不存在固定不变的固有颜色,物体的颜色与光源是密切相关的,因光源色及其他条件的变化而变化。从这个意义上讲,固有色实际是指物体在日光或全色光下,物体给人的固有的色彩印象。

7.2 色彩的分类

7.2.1 无彩色系

“无彩色”具体来说就是黑色、白色以及黑白相互混合而形成的各种深浅不同的灰色。无彩色系不具备色相与纯度的性质,只在明度上有变化。在所有的无彩色系中,白色的明度最高,黑色的明度最低。因此,当一种颜色混入白色时,会显得更加明亮;相反,混入黑色则显得更加深暗;加入灰色时又会失去原有色彩的鲜亮程度。

无彩色具有统一整体设计的功能。例如,将许多纯度、明度参差不齐的色彩置于同一画面,由于配色没有一贯性,容易缺乏整体感,如果背景采用白色或黑色等无彩色,将每种色彩进行区隔,各种色彩虽然看起来是各自独立的,但整体上能够呈现统一感。如背景采用白色,整体便呈现出舒畅清爽的感觉,这时的白色提供了透气感,消除了整个版面因布满颜色而产生的压迫感;背景换成黑色时,整体具有收敛效果,特别是多种颜色在明度上差异较小而使配色显得呆板时,加上黑色便能突出效果。无彩色的重要特征是能够引出已使用的各种颜色的“色彩”本质。

7.2.2 有彩色系

有彩色系,指以红、黄、蓝为基本色,基本色之间不同量的混合,以及基本色与无彩色之间不同量的混合,而产生出的成千上万的色彩。

有彩色系被进一步细分为原色、间色和复色。

原色:颜色中不能再分解的,能调配出其他颜色,但无法被其他色彩调制出来的色。如红、黄、蓝,即三原色,也称为一次色。

间色:间色是两种原色的等量混合。在十二色相环中,间色处于两种原色之间,也称为二次色。如橙色是黄与红的等量混合,绿色是黄与蓝的等量混合,紫色是蓝与红的等量混合。

复色:复色在间色的基础上产生,是两种间色或三原色的适当混合,也称为再间色或三次色。三原色不同比例的混合能产生出千变万化的复色色彩。

7.3 色彩三要素

色彩的色相、明度和纯度三种属性称为色彩的三要素。这三种属性是色彩最基本、最重要的构成要素,色彩设计中大量的应用知识都是在此基础上发展起来的。

7.3.1　色相

色相(Hue)简写为H,是指颜色的相貌和种类。色相是由一定的可见光波长决定的,不同波长产生不同色相。在可见光形成的光谱色中,380~780 nm的波长范围内,每一波段都有一定的色相。色相是颜色中最突出的主要特征。

在应用色彩理论中,通常用色环来表示色彩系列。最简单的色环由红、橙、黄、绿、青、紫6个色相环绕而成。如果在这6个色相之间各增加一个过渡色相,这样就在红与橙之间增加了红橙色;红与紫之间增加了紫红色,以此类推,还可以增加黄橙、黄绿、蓝绿、青紫各色,就构成了12色相环(图7.1),这12色相是很容易分清的色相。如果在12色相间再增加一个过渡色相,就会组成一个24色的色相环(图7.2),24色相环更加微妙柔和。

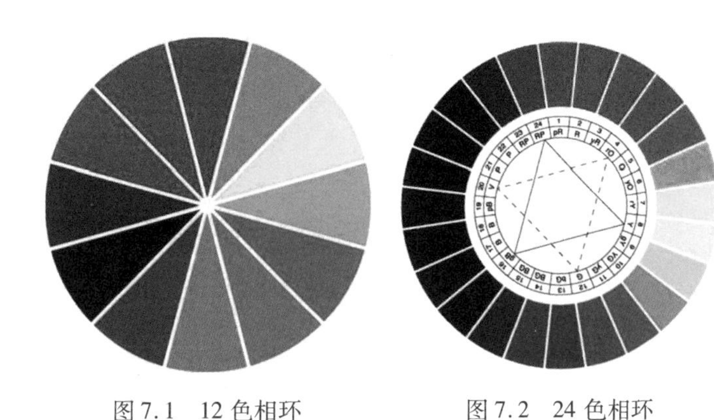

图7.1　12色相环　　图7.2　24色相环

7.3.2　明度

明度(Value)简写V,是指色彩的明暗程度,也可称为色彩的亮度、深浅度。明度作为色彩的第二属性,对色彩的感觉起着重要的作用。明度在三要素中具有较强的独立性,它可以不带任何色相的特征,而通过黑白灰的关系单独呈现出来。色彩的明度有两种情况(图7.3):同一色相的明度变化,如任何一种有彩色加黑或加白,产生各种不同的明暗层次;不同色相之间存在明暗差别,黄色明度最高,而紫色明度最低。

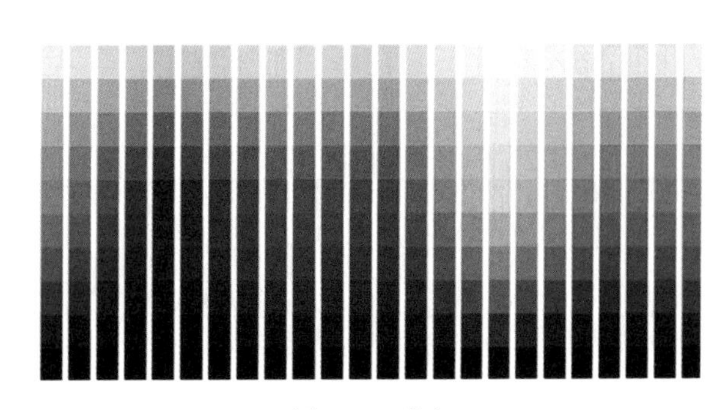

图7.3　明度

可以将紫红、红、橙红、橙、橙黄、黄、黄绿、绿、青绿、青、青蓝、蓝、蓝紫、紫,向上逐渐加白,可以发现黄色很快就可变成纯白,而紫色最慢变为纯白;向下逐渐加黑,紫色很快即可变为纯黑,其次为青色,而黄色最慢才变为纯黑,这说明黄色明度最强,而紫色最弱。

明度适于表现物体的立体感及空间感,明度是画面的骨骼,决定整个画面的结构。中国画以墨的浓淡干湿和变幻的笔势构成气韵生动的明暗对比,没有彩色的呈现,但具有生动的表现力,可形成“淡墨如梦雾”“黝黑如椎碑”的各具风采的独特的墨色审美形式,借助的就是明度的变化规律。

7.3.3 纯度

纯度(Chroma)简写C,是指色彩的单纯程度,也可称为艳度、彩度、鲜度或饱和度。高纯度的色彩,使人感到刺激;低纯度的色彩,给人带来沉稳的印象。

黑、白、灰属无彩色系,纯度值为零。有彩色与无彩色混合,它的纯度可降低。在不同色相之间也有纯度高低之分。可以将不同色相的颜色,每次加等量的白(黑),使其趋于纯白(黑),通过实验可以明确看到红色变化最难,青绿色变化最容易,这就说明红色纯度最高,而青绿色纯度最低(图7.4)。

图7.4 纯度

色彩的三要素是一个整体的概念,色彩发生改变,它的三种要素也会相应发生变化。纯度和明度相互制约又不可分割。要强调的是:一种颜色的明度高并不等于纯度就高,即色相的明度与纯度并不成正比。

一般有三种情况值得注意:加白色明度增高而纯度降低;加黑色使明度和纯度都降低;加灰色或其他色相的颜色能使明度和纯度产生很丰富的变化。

7.4 色彩心理理论

色彩心理是客观世界的主观反映。色彩的直接心理效应来自色彩的物理光刺激对人的生理产生的直接影响。色彩生理和色彩心理过程是同时交叉进行的,它们之间既相互联系,又相互制约:在有一定的生理变化时,就会产生一定的心理活动;在有一定的心理活动时,也会产生一定的生理变化。如有研究发现,在红色环境中,人的脉搏会加快,血压会升高,情绪兴奋冲动;而处在蓝色环境中,脉搏会减缓,情绪也较镇静。也有研究提出,颜色能影响脑电波,脑电波对红色反应是警觉,对蓝色的反应是放松。

7.4.1 色彩性格

1)红色

红色在可见光中光谱最长、纯度最高,是强有力的色彩。红色还是代表热烈、冲动的色彩,可象征“火”或“血”,也是中国传统的吉庆色彩。因其辨识度高,又作为表示警告、禁止等的安全色。红色容易引起人的注意,也容易使人兴奋、紧张,造成人的视觉疲劳。

2)橙色

橙色的波长仅次于红色,是暖色系中最温暖的色彩。橙色活泼、光明,有成熟、繁荣、快乐的象征。在工业安全用色中,橙色也是警戒色。

3)黄色

黄色是有彩色系中明度最高的色,在高明度下能够保持很强的纯度。黄色有太阳般的光辉,从而被赋予光明体与智慧、财富与权力的象征,曾经是中国古代皇帝的专用色彩。

黄色是各种色彩中,最为“娇气”的一种色。只要在黄色中混入少量的其他色,其色相感和色彩性格均会发生较大程度的变化。在黄色中加入少量的蓝,会使其转化为一种鲜嫩、潮润的绿色;加入少量的红,则具有明显的橙色感觉;加入少量的黑,其色感和色性变化最大,成为一种具有明显橄榄绿的复色印象;加入少量的白,其色感变得十分柔和。

4)绿色

绿色可消除人的视觉疲劳,是人眼最能适应的色彩。绿色通常代表自然界中的植物,是生命力、希望与和平的象征,可代表自然、健康、成长,给人放松、舒适、清新的感受。

5)蓝色

蓝色让人联想到天空、海洋、冰川,有宁静、和谐、纯净的特征,也被作为永恒、智慧的象征。蓝色是冷色,还有清凉的效果和镇定的作用,也会产生距离感。

6)紫色

紫色是可见光谱中波长最短的色彩,是有彩色系中明度最低的色。紫色可由蓝色和红色混合而成,更为柔和,有镇定、优雅之感,也更为神秘,有高贵、压迫之感。

7)黑、白、灰色

黑色是最暗的颜色,在象征意义里黑色代表的是丑恶与否定的色彩。黑色可让人联想到死亡,可使人悲哀,是哀悼的颜色,同时还代表秘密、隐蔽等含义。

白色光包含了可见光的全部色相,而白色同时也意味着颜色的缺失。白色既可象征纯洁、喜悦,也可象征哀伤、恐怖。

灰色居于黑色和白色之间,有含蓄、高雅、平和、灰暗、中庸之意。

7.4.2 色彩的心理效应

不同波长的光作用于人的视觉器官而产生色感时,必然导致人的心理活动。大自然中不同的色彩变化,能使人们产生不同的感受。这些感受的产生,除了色彩本身的物理学特性,更多的是因为人们长期赋予了色彩某种特征。

1)冷暖感

自然界的物体会给人不同的温度感受,如太阳、火焰,让人觉得温暖;冰块、湖水,让人觉得冰冷。这种感觉形成了人们的视觉经验就是色彩的冷暖感。红、橙、黄色有温暖的感觉;蓝、青色有寒冷的感觉;凡是带红、橙、黄的色调都带暖感(图7.5);凡是带蓝、青的色调都带冷感(图7.6)。

色彩的冷暖与明度、纯度也有关。高明度的色一般有冷感,低明度的色一般有暖感。高纯度的色一般有暖感,低纯度的色一般有冷感。无彩色系中白色有冷感,黑色有暖感,灰色属中性。色彩冷暖是相对的,如群青和湖蓝比,前者暖一些;大红和玫红比,后者冷一些。

(a)

(b)

图7.5 暖色调(学生作业)

(a)

(b)

图7.6　冷色调(学生作业)

2)轻重感

色彩的轻重感一般由明度决定。高明度具有轻感,低明度具有重感;白色最轻,黑色最重;低明度基调的配色具有重感(图7.7),高明度基调的配色具有轻感(图7.8)。

图7.7　深色调重(学生作业)

图7.8　亮色调轻(学生作业)

3)软硬感与强弱感

色彩软硬感与明度、纯度有关。明度较高的含灰色系具有软感,明度较低的含灰色系具有硬感;强对比色调具有硬感,弱对比色调具有软感(图7.9、图7.10)。

高纯度色更有强感,低纯度色有弱感;有彩色系比无彩色系更有强感,有彩色系以红色为最强;对比度大的具有强感,对比度低的有弱感。即图形和背景的对比强则表现出强感,对比微弱则表现出弱感(图7.11—图7.14)。

图 7.9　明度对比强有硬感(学生作业)

图 7.10　明度对比弱有软感(学生作业)

图 7.11　高纯度有强感(学生作业)

图 7.12　低纯度有弱感(学生作业)

图 7.13　对比强烈有强感(学生作业)

图 7.14　对比微妙有弱感(学生作业)

4)明快感与忧郁感

色彩明快感与忧郁感与纯度有关:明度高而鲜艳的色彩具有明快感,深暗而混浊的色彩具有忧郁感;低明基调的配色易产生忧郁感,高明基调的配色易产生明快感;强对比色调有明快感,弱对比色调具有忧郁感(图7.15、图7.16)。

图7.15 明快感的画面(学生作业)

图7.16 忧郁感的画面(学生作业)

5)兴奋感与沉静感

暖色系具有兴奋感,冷色系具有沉静感;明度高的色具有兴奋感,明度低的色具有沉静感;纯度高的色具有兴奋感,纯度低的色具有沉静感。因此,暖色系中明度高纯度也高的色兴奋感强,冷色系中明度低而纯度低的色沉静感强。强对比的色调具有兴奋感,弱对比的色调具有沉静感(图7.17、图7.18)。

图7.17 兴奋感的画面(学生作业)

图7.18 沉静感的画面(学生作业)

7.4.3 色彩通感表达

人的感觉器官是互相联系、互相作用的整体，某一种感觉器官受到刺激后，会诱发其他感觉系统如听觉、嗅觉、味觉等的反应，这种伴随性感觉在心理学上称为“通感”。运用通感，可以突破人的思维定势，深化设计。

1）色彩的听觉表达

音乐讲究“音色”，色彩追求“调子”。自古以来，人们就习惯把视觉与听觉联系起来。法国作曲家奥利维耶·梅西安说：“色彩对我十分重要，因为我有一种天赋，每当我听音乐或看到乐谱时，会看到色彩。”当人们听到美妙的音乐时，也可联想到对应的色彩。通常是低音引起深色觉，高音引起浅色觉。心理学家金斯柏格认为，随着钢琴的音调从低向高过渡，就会有黑—褐—大红—深绿—铜绿—青—灰—银灰这种循序的颜色变化。

从物理学的角度、生理学的角度看，色彩与乐音具有可类比的性质与特点。表现在心理上，就是音乐能引起色彩的通感。人们常将色彩与音乐这对姐妹共同运用于艺术创作与生活中，来营造独具匠心的氛围。

20 世纪 50 年代就出现了声光结合的色彩音乐会，演奏时利用投影装置，把各种色彩映现在屏幕上。后来又把激光技术运用到音乐会上以及音乐喷泉上，将色彩绚丽、变幻莫测的激光投射到空中，与音乐形象相得益彰，氛围扑朔迷离。

2）色彩的味觉表达

不同的颜色能引发人们的味觉，这种味觉的产生主要跟生活经验、记忆有关。红色使人联想到西瓜、苹果、草莓，会有甜的感觉；黄色使人联想到菠萝、柠檬等，会有酸的感觉。

颜色有表现美味的强大能力，如红色可以表达浓郁香醇、成熟甜美的味觉；黄色可以表达充满香气的或清爽或丝滑的甜味，如甜瓜的味道、奶油的味道、香蕉的味道等；绿色可以表达新鲜清爽的味觉，如青苹果的味道、黄瓜的味道，当然绿色也可表达辛辣、苦涩的味觉，如芥末、橄榄等。

3）色彩的嗅觉表达

色彩与嗅觉的关系与味觉大致相同，也是从生活经验而来的。根据实验心理学的报告，通常红、橙等暖色有浓烈的香味感，如花香或者果香；绿色有清新的气味；白色、黄色有奶油、鸡蛋的香味；黑色和褐色偏苦；偏冷的浊色则有腥臭和腐败的气味。

7.4.4 影响色彩喜好的因素

对色彩喜好的研究已有百余年的历史，美国色彩学家切斯金认为影响色彩喜好的因素主要有三方面，分别是欲力、自我涉入、威望认同。欲力是指纯粹因个人感情上对色彩的喜恶，是一种本能现象，一种自我放纵的情绪满足；而自我涉入则是一种个人自尊、自重的表达于行为的结

果;威望认同是企图使自己与社会领导群相同的心态,也就是说对流行的追随。

第一是自我介入;第二是体面的维持;第三是快乐的追求。

1)年龄与性别

实验心理学有研究,人出生一个月后就对色彩产生感觉,随着年龄的增长、生理发育的成熟及对色彩的认识、理解能力的提高,由色彩产生的心理影响随之产生。儿童天性活泼好动,因此喜爱视觉冲击力强的色彩,如简洁明快的红、黄、蓝三原色。

不同的人对色彩的嗜好是不同的,有研究认为:不少男性性格更为冷静,逻辑思维能力较强,多喜欢冷色调、低明度的色彩,如蓝、灰、棕,也偏爱无彩色系;不少女性更为感性,多喜欢暖色调、高明度的色彩,如米黄、淡绿、浅紫。

随着年龄的增长,伴随着生活经验和文化知识的丰富,色彩的偏好则更多来自于生活的联想。例如,儿童的色彩心理主要是受周围环境、食物、玩具、图书、服饰等具体颜色的影响;成年人则较多地根据社会生活实践而抽象的结果。性别、年龄对于色彩情感表达的影响是较为直接的,个体的差异性为色彩的选择提供了更多的方案考虑。

2)地域文化差异

不同的国家、民族的人们由于地理环境的差异,形成了各自的地域性特色。这种特色经过长时期的发展,造就了该地域人们的生活习惯、风俗习惯和文化信仰等各方面的不同,具体表现在人们的气质、性格、兴趣、爱好等方面,因此,他们对于色彩也会有偏爱。

地域的差异性通过知觉和象征联想的方式,使得色彩情感的表达在不同地区有所区别。例如,日本人认为白色朴实纯洁而真诚,尤其对雪有特殊的感情,他们把多雪的地方称为“雪国”,把雪人称为“雪达摩”,把美人的肌肤称为“雪肌”。

3)个性差异

鲁奥沙赫在《心理学诊断》一书中写道:不同的个性对色彩的选择也是有所不同的,凡是那些比较理性、善于克制自己情感的人,往往喜爱冷一点的颜色,如蓝色和绿色,而不喜欢红色;相应地,那些感情丰富、个性张扬的人更偏爱暖色或纯度比较高的颜色,如红色和黄色。

如今人们更加倾向于具有个性化的色彩组合,从而打造与众不同的效果。色彩个性化定位已成为诸多产品和品牌所选择的创新点,通过借助色彩视觉的魅力,将产品的内容和信息传达给消费者,并提供更多的体验。

7.4.5 色彩的记忆与联想

色彩记忆是指大脑对过去视觉经验中遇到过的色彩的反映。不同的色彩知觉度是不同的,记忆的高低次序为红、橙、黄、黄绿、绿、蓝、紫、黑、白、灰;纯色较中间色更容易被记忆,华丽色较朴素色更容易被记忆,明色系比暗色系更容易被记忆,与背景色对比强烈较与背景色对比微弱的色彩更容易被记忆,具有专门标记性的色彩容易记忆。个人对色彩的偏爱及注意力也会影响色彩记忆。此外,色彩记忆具有鲜明的形象性,还可以通过色彩训练增强色彩记忆性。

当人们看到色彩时常常会联想起与该色相联系的色彩,这种联想我们称为色彩的联想。色彩的联想是通过过去的经验、记忆或知识而取得的。色彩的联想可分为具体的联想与抽象的联想。具象联想是指把色彩和与生活中的具体景物联系起来的想象;抽象联想是指把色彩与知识中的抽象概念联系起来的想象。色彩联想和性别、年龄、职业、兴趣、爱好、文化修养、生活经历等因素有关。

课程作业

题目1:制作24色相环

要求:三原色色相推移,尺寸为30 cm×30 cm。

题目2:色彩的视觉心理感受设计练习

要求:设计四张不同心理感觉的画面,每张尺寸为10 cm×10 cm。

8 色彩美学

色彩美极具科学性，而色彩又是千变万化的，对于每个人又极具感觉性。美术家、设计家必须精通色彩的科学性、色彩的美感原理等，因为他们不仅要发现美、创造美，还要以作品引导、教育、提高大众的色彩审美感。好的绘画或设计作品的用色应是极其准确的，需要以科学的色彩理论为指导、以敏锐的感觉去发现、以熟练的技巧去完成。

色彩美是指审美主体（人）对审美对象（色彩）的感受和作出的评价。色彩美的存在依赖于审美主体和审美对象，会因人因时而变，色彩美体现了时代特征。

8.1 色彩的形式美法则

形式可以独立存在，也可以作为一种物体的“真实”或“不真实”的再现，或者作为一种空间或平面的抽象界限。而色彩则不能单独存在，总是依附于形的表达；无限扩张的色彩由于没有界限，人们只能凭空想象去构思完善它，这种色彩呈现在头脑中的就是模糊而不确定的印象。所以，色依附于形，并且塑造了形。现实生活中，虽然每个人的审美经验不同，但单从形式条件下对于美或丑的感觉却存在着一种相通的共识，这种共识是人类从长期生产和生活实践中积累而得来的，它的依据就是客观存在的美的形式法则。

亚里士多德从美学观念中提出：美的主要形式——秩序、匀称与明确。一个美的事物，它的各部分应有一定的安排，而且它的体积也应有一定的大小，因为美要依靠体积与安排，美必须具有特定的感性形式，并努力在客观事物中去体现它们。这一美的形式、美的本质一直为美学家、艺术家所信奉、追随。

8.1.1 色彩的对称与均衡

1）色彩对称

对称是一种形态美学构成形式，有左右对称、放射对称、回旋对称等，即色彩以对称轴或对称中心为准，呈不同形态的排列形。色彩的对称给人以庄重、大方、稳重、严肃、安定、平静等感觉,但也易产生平淡、呆板、单调、缺少活力等感觉(图8.1)。

(a)　　　　(b)

图8.1　色彩对称(学生作业)

2)色彩均衡

均衡是形式美的另一构成形式,虽然是非对称状态,但由于支点左右异形同量、等量不等形的状态及色彩的强弱、轻重等性质的差异关系,表现出相对稳定的视觉生理、心理感受。这种形式既有活泼、丰富、多变、自由、生动、有趣等特点,又有良好的平衡状态,因此,最能适应大多数人的审美要求,是配色的常用手法与方案。

色彩的均衡有上下均衡、前后均衡等,都要注意从一定的空间、结构做好适当的布局调整。色彩不能偏于一方,否则就会失重。如页面中心有大块色,四周则要有一些小块色。纯度或明度差较大的大色块与面积小的鲜明色块也可以取得均衡(图8.2)。

色彩布局没有取得均衡的构成形式时,在对称轴左右或上下色彩的强弱、轻重、大小存在着明显的差异,表现出不稳定性。但由于它有奇特、新潮、极富运动感或趣味性足等特点,在一定的环境及方案中可大胆加以应用而被人们所接受和认可。但若处理不当,极易产生倾斜、偏重、怪诞、不安定的感觉。

(a)　　　　(b)

(c)

(d)　　(e)

图 8.2　色彩均衡(学生作业)

8.1.2　色彩的比例与节奏

1)色彩比例

色彩比例是指色彩组合设计中局部与局部、局部与整体之间,长度、面积大小的比例关系随着形态的变化、位置空间变换的不同而变化,对于色彩设计方案的整体风格和美感起着决定性的作用。常用的比例有等差数列、等比数列、斐波那契数列、贝尔数列、柏拉图矩形比、平方根矩形数列、黄金分割等。黄金比例即 1∶1.618,实用中通常将色彩比例关系处理为 2∶3、3∶5、5∶8 等序列。非黄金比例中色彩面积有大小、主次之分的配合,都被认为是富有对比情趣而值得采用的。因为有一方处于大面积优势地位,一方处于小面积从属状态时,能形成色调的明确倾向,表现出对比美的和谐感。

2)色彩节奏

在色彩设计中节奏指通过同一色彩的聚散、重叠、反复、转换等,在色彩的更动、回旋中形成节奏、韵律的美感。色彩的节奏一般有三种形式:

重复性节奏(图8.3):通过色彩的点、线、面等单位形态的重复出现,体现秩序性美感。简单的节奏有较短时间周期和重复达到统一的特征,具有机械和理性的美感。

渐变性节奏(图8.4):将色彩按某种定向规律作循序推移系列变动,它相对淡化了"节拍"意识,有较长的时间周期,形成反差明显、静中见动、高潮迭起的闪色效应。渐变性节奏有色相、明度、纯度、冷暖、补色、面积、综合等多种渐变形式。

多元性节奏(图8.5):由多种简单重复性节奏组成,它们在运动中的急缓、强弱、行止、起伏也受到一定规律的约束,亦可称为较复杂的韵律性节奏。其特点是色彩运动感很强,层次非常丰富,形式起伏多变。但如处理、运用不当,易出现杂乱无章的"噪色"不良效果。

图8.3 重复性节奏(草间弥生作品)

图8.4 渐变性节奏

(a)

(b)

图8.5 多元性节奏(学生作业)

8.2　色彩对比理论

一般来说,色彩都不是孤立存在的。色彩之间经过对比就会显现出差异,存在差异的颜色之间相互依存,同时也互相冲突。处理好这种对比差异关系,色彩的特点与个性才能更好地显现出来。因此,色彩对比是色彩设计中的重要手段。色彩对比的前提条件是色彩之间的并置,而不同颜色的并置意味着不同颜色属性的对比,同时也构成了不同色彩视觉美感的形成。

依据色彩对比因素的不同,可以把色彩对比做不同的分类。各种色彩在构图中的色相、明度、纯度、面积、位置等,以及心理刺激上的差别均构成了色彩之间的对比。这种差别越大,对比效果就越明显;差别缩小或减弱,对比效果则趋于缓和。

8.2.1　色相对比

色相对比是把不同色相组合在一起,利用各色相的差别而形成的对比,也可以说是以色相环为主要对比基础单位的色彩对比方式。色相的对比既可以发生在高纯色中,也可以发生在低纯色中。高纯色的色相对比更明晰,低纯色的则较含糊。色相对比分为同种色对比、类似色对比、对比色对比、补色对比。

1)同种色对比

同一色相的颜色加黑白灰所形成的对比称为同种色对比。对比效果和谐统一,具有单纯、文静、雅致、含蓄、稳重、朴实等视觉效果。但因色相间缺乏差异,也易产生单调、模糊、吸引力不强等弊病。如果通过拉大明度、纯度的差异也可产生意想不到的视觉效果(图8.6)。

(a)

(b)

图8.6　同种色对比

2）类似色对比

在色相环上处于相互毗邻的状态，之间含有共同的色彩倾向，这样的色彩称为类似色。类似色对比，形成对比的色彩之间既有差异又有联系。例如，黄与橙的对比，相同之处是都有黄的成分，不同的是黄中无红，而橙中有红。类似色的对比效果较单纯、柔和却又不失活泼，在整体上形成既有变化又统一的色彩魅力，在实际运用中是容易搭配且又具有丰富情感表现力的色彩对比类型（图 8.7）。

（a）　　　　（b）

图 8.7　类似色对比（学生作业）

3）对比色对比

色与色之间共同的成分很少或者没有共同成分，这样的色叫对比色。对比色对比，由于色彩在色相环上距离较远，色相之间缺乏共性，所以对比效果鲜明强烈，具有饱满、华丽、活跃的感情特点，易使人兴奋、激动，如果处理不好，会显得刺眼，产生艳俗的感觉。对比色对比是色彩组合中难度较大的一类（图 8.8）。

（a）

（b）

（c）

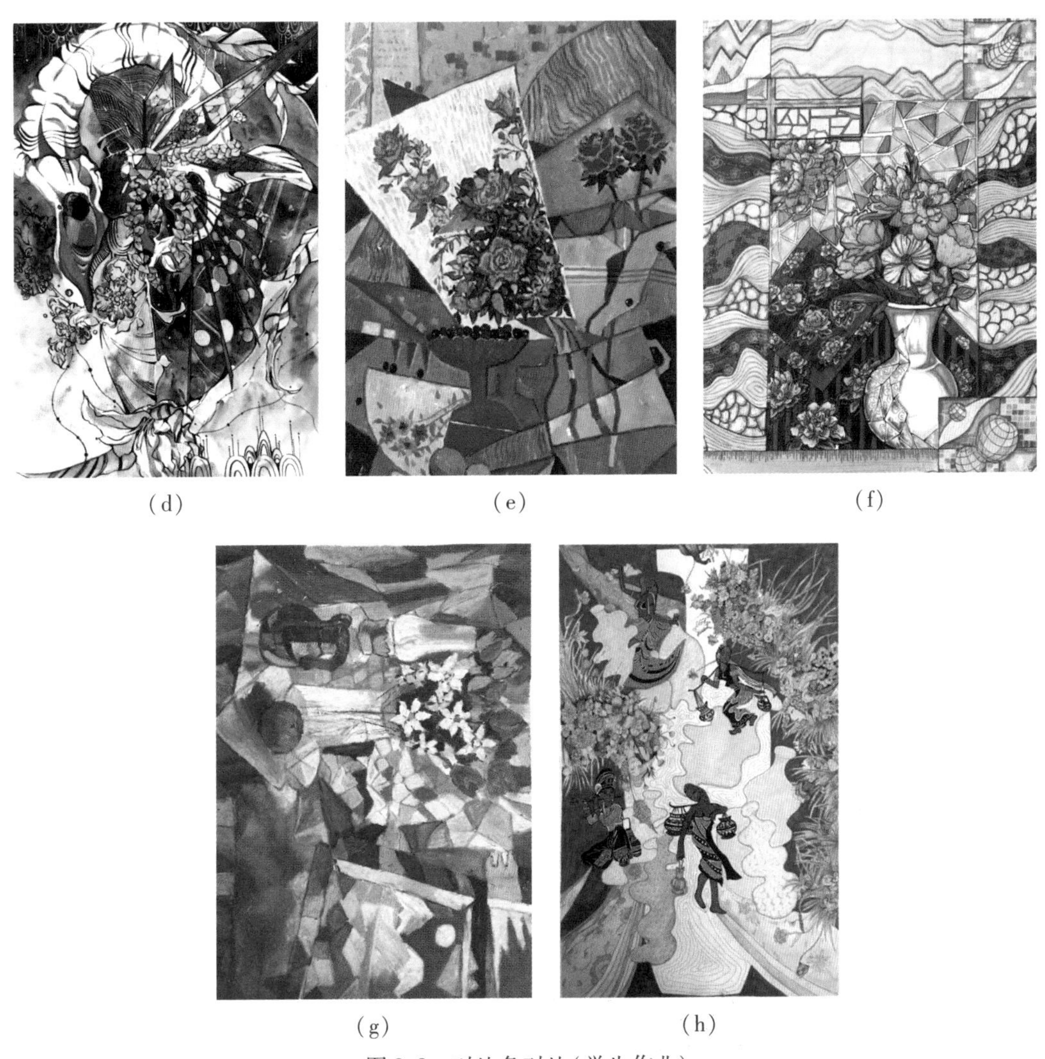

(d) (e) (f)

(g) (h)

图 8.8 对比色对比(学生作业)

4)补色对比

在色相环中相互成 180°角的两种颜色称为补色。补色等量混合相调,得到近似黑色。补色对比是色相最强的对比。典型的补色是红与绿、黄与紫、橙与蓝。其中,黄与紫由于色相个性悬殊,明度差别最大,成为补色中冲突最大的一对;橙与蓝的,明暗对比居中,冷暖对比最强,是更活泼生动的补色;红与绿的明暗对比近似,冷暖对比居中,是 更具视觉美感的补色对比。

补色对比能使色相对比达到最大程度,特点是强烈、鲜明、充实、活跃、紧张,具有一种原始、粗犷的美感。补色对比如果处理得当,是颇具美感价值的配色;但如果处理不当也容易产生不协调、过分刺激、动荡不安、粗俗、生硬等缺点。可以通过明度、纯度的变化使冲突的补色对比变得柔和生动起来(图 8.9、图 8.10)。

图8.9　黄与紫对比(学生作业)

图8.10　红与绿对比(学生作业)

8.2.2　明度对比

明度对比是色彩之间的明暗层次变化程度的对比,也称为色彩的黑白度对比。明度对比是色彩构成的最重要的因素,色彩的轮廓形态、层次、空间关系主要依靠色彩的明度对比来表现。有资料表明,人眼对色彩明度对比的感知度比对纯度对比的高很多,可见色彩的明度对比是十分重要的。

色彩的明度对比主要包含两方面的内容:一方面指同种色之间的明度差(图8.11);另一方面指不同色彩之间的明度差(图8.12)。前者较容易理解,而后者涉及色相和明度两种因素。色与色之间会自然形成明度上的对比差异,如黄色具有高明度的特性,红色具有中明度特性,而紫色属于低明度特性。也就是说,由于颜色本身之间存在着不同明度的差异,从而使得色彩让人的视觉体验到多重性的对比效果。

图8.11　同种色明度变化

图8.12　不同色相明度变化

下面以同种色的明度对比来详细阐述对比的基调和强弱关系。由暗到亮分别以0~10命名色阶,这样形成11个明度差间隔均匀的色阶。之后将11个明度色阶分成高、中、低三个区域:0~3为低明度区,4~6为中明度区、7~10为高明度区(图8.13)。确定基调后再进行对比关系的搭配,凡明度差在3级之内的为弱对比,也称为短调对比,明度差别不大,效果模糊、柔和;明度级数差在3~5级的为明度中对比,也称为中调对比,其明度有一定的差别,效果鲜明、清晰;明度差在5级以上的为明度强对比,也称为长调对比,明度差别大,效果强烈、刺激。(图8.14)

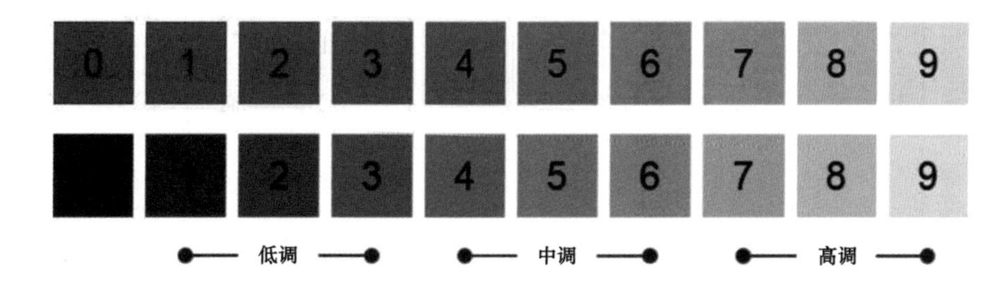

图 8.13　九级明度色标

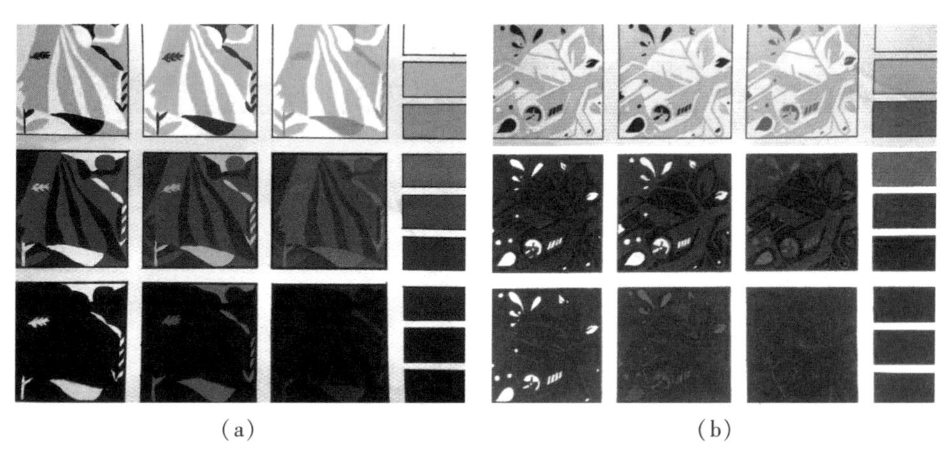

(a)　　(b)

图 8.14　同种色明度九大调(学生作业)

对于不同色相的明度来说,主色调加了大量白,属高明度,也叫高调、亮调;加了大量黑,属低明度,也叫低调、暗调;不加或少加黑、白,属中明度,也叫中调。不同的明度基调给人的心理感受各不相同,低明度基调产生沉闷、压抑、厚重等感觉,中明度基调柔和、徐缓、成熟、沉稳,高明度基调轻快、明朗、纯净、朦胧。

确定基调后再进行对比关系的搭配。明度对比弱的为短调,明度差别不大,效果模糊、柔和;明度对比强的为长调,效果鲜明、清晰、强烈、刺激;明度对比偏中为中调,其明度有一定的差别。高、中、低三个明度基调分别通过强、中、弱的明度对比搭配,可形成 9 种不同的对比关系:高长调、高中调、高短调、中长调、中中调、中短调、低长调、低中调、低短调(图 8.15)。

在形成的各种明度对比中,高长调是明亮色彩的强对比,可传达活泼明快的情感,常用于表现儿童主题的画面;中长调在中明度的色彩中安排强对比,显得坚强有力;低长调在深暗的色彩中安排强对比,深沉而具爆发力;中长调属中明度的强对比,画面效果舒适、充实给人稳定的感觉;中中调是中明度的中对比,画面色彩温和、细腻;中短调则是中明度的弱对比,给人以模糊、深奥及不确定的感受,运用不恰当会带来乏味、憋闷的不舒适感;高短调是在明亮的色彩中的弱对比,可塑造优雅轻柔的气氛;中短调在中明度的色彩中安排弱对比,显得含蓄、朦胧;低短调则是在深暗的色彩中安排弱对比,显得压抑、忧郁,使用较少(图 8.16—图 8.18)。

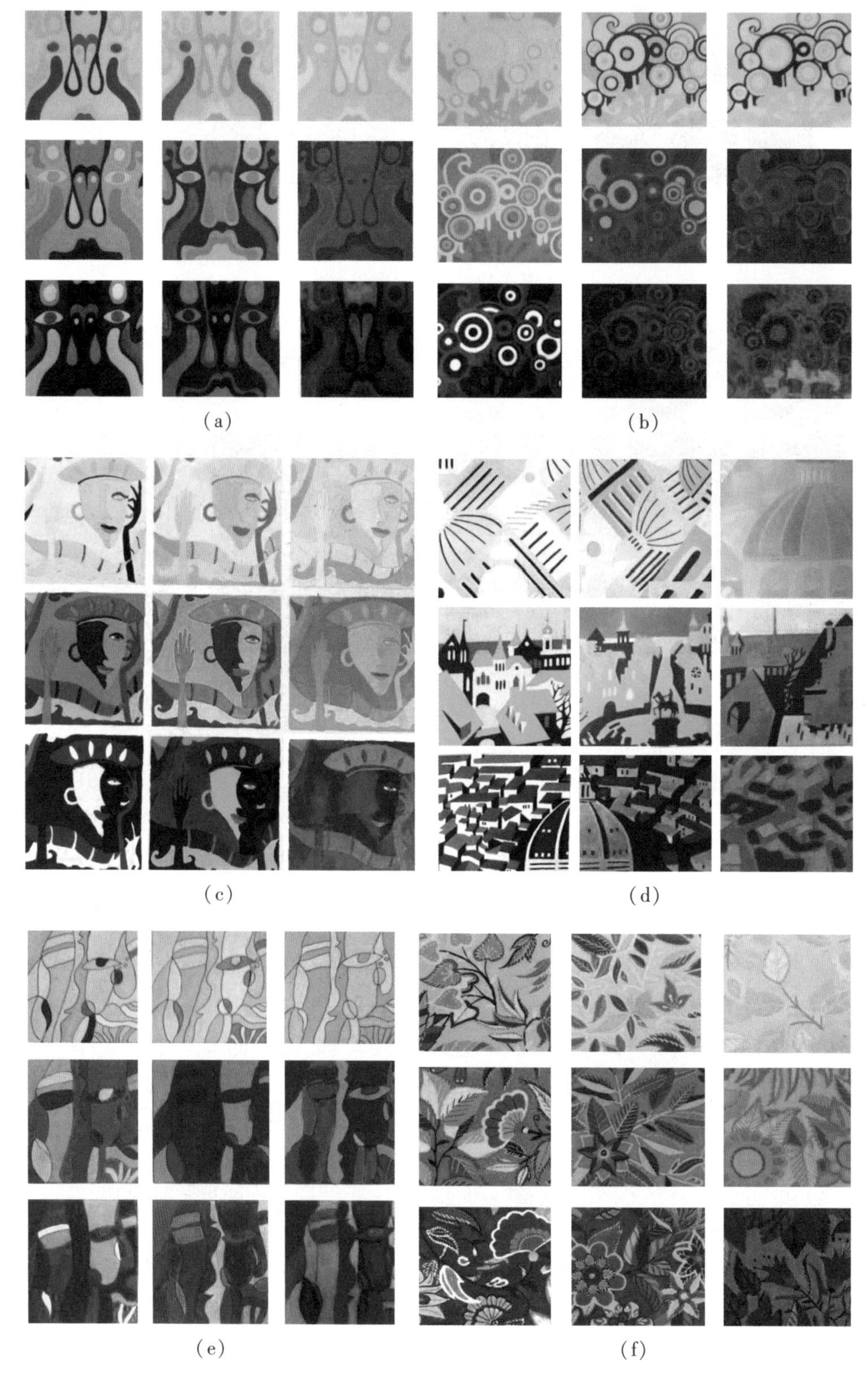

(a) (b) (c) (d) (e) (f)

图 8.15　不同色相明度九大调(学生作业)

(a) (b)

图 8.16 不同色相高明度对比(学生作业)

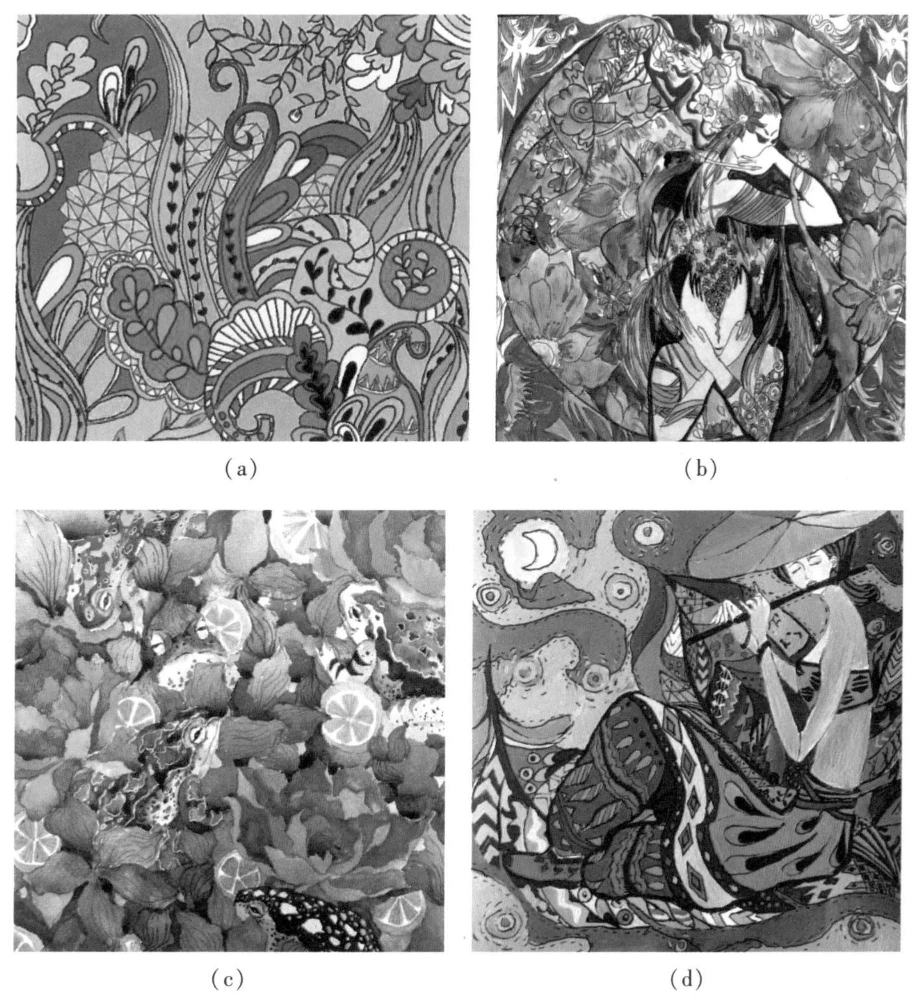

(a) (b)

(c) (d)

图 8.17 不同色相中明度对比 1(学生作业)

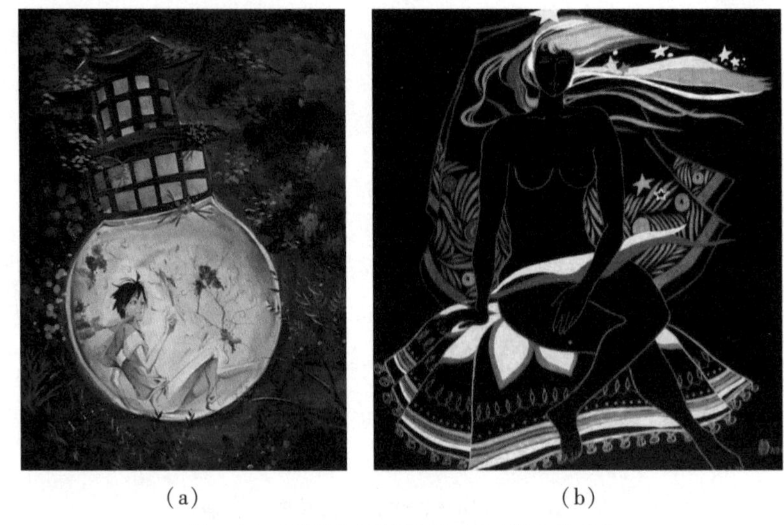

(a)　　(b)

图 8.18　不同色相低明度对比(学生作业)

8.2.3　纯度对比

纯度对比也称为色彩饱和度对比,是指较鲜艳的色彩与含有各种比例的黑、白、灰的色彩所形成的纯度差异对比。纯度对比同明度对比一样,既可以体现在单一色相中不同纯度色的对比,也可以体现在不同色相的纯度对比。

纯度对比的创建方法与前面所讲的明度对比的原理相同。也把色彩的纯度值归纳为 11 个等级且间隔均匀的标准色阶。0 ~3 为低纯度;4 ~6 为中纯度;7 ~9 为高纯度。对比关系也分为强、中、弱,纯度差在 3 级之内的为弱对比,级数差在 3 ~5 级的为中对比,5 级以上的为强对比。同样可以形成 9 种不同效果的纯度对比搭配(图 8.19、图 8.20)。

在纯度对比中,高纯度基调具有强烈、鲜明、色相感强的特点;中纯度基调具有柔和、稳定、沉静的特点;低纯度基调易产生脏灰、含混、无力等缺点。从纯度对比强弱来看,强对比可视度高、层次感强、刺激性大;中对比视觉柔和、形象含蓄、刺激适中,色彩纯度的变化以及形的大小与疏密变化,还可以造成纵深的空间感(图 8.21—图 8.24)。

降低纯度的方法主要有以下几种:

加白:纯色混合白色可以降低其纯度,提高明度;

加黑:纯色混合黑色,降低纯度,又降低明度。各色加黑色后,会失去原来的光亮感,而变得沉着、幽暗;

加灰:纯色加入灰色,会使色味变得浑浊。纯色与该色相同明度的灰色相混,可以得到相同明度而不同纯度的含灰色,具有柔和、软弱的特点。

加补色:加补色等于加深灰色,因为三原色混合得深灰色,而一种色如果加它的补色,其补色正是其他两种原色相混所得的间色,所以也就等于三原色相加,等于加深灰色。

针对不同色相来比较,一般认为,标准色是高纯度,标准色加少量黑白灰或补色是中纯度,标准色加大量黑白灰或补色是低纯度。

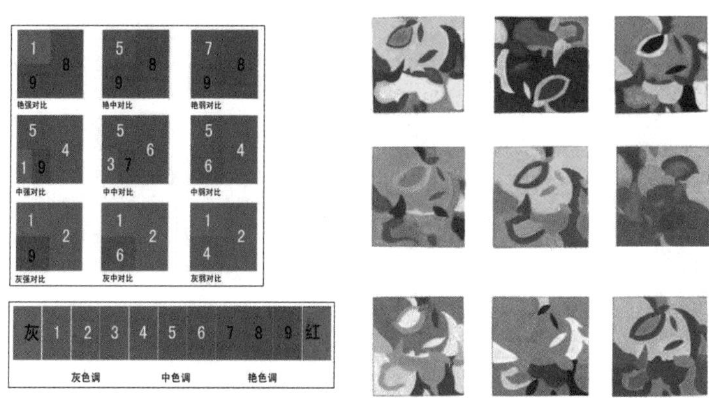

图 8.19 同种色纯度九大调　　图 8.20 不同色相纯度九大调

(a)

(b)

图 8.21 不同色相纯度对比(学生作业)

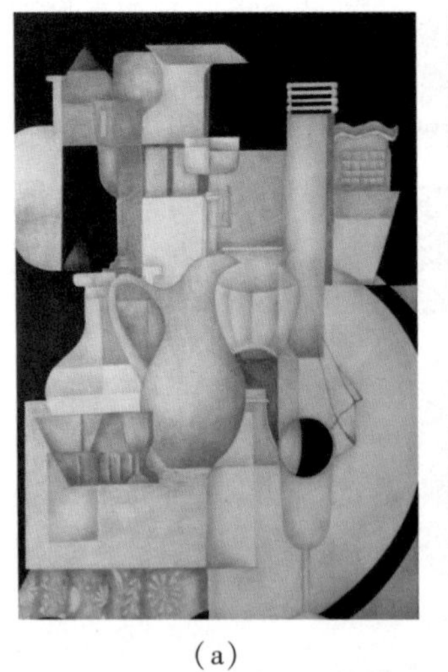
(a)

(b)

图 8.22　不同色相低纯度对比(学生作业)

(a)

(b)

图 8.23　不同色相中纯度对比(学生作业)

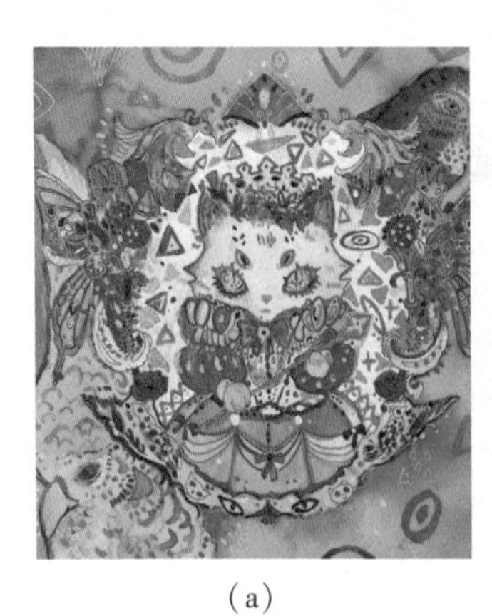
(a)

(b)

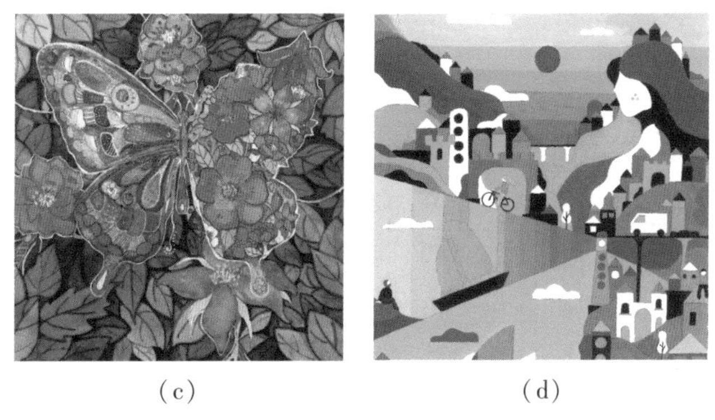

(c)　　　　　　　　(d)

图 8.24　不同色相高纯度对比（学生作业）

8.2.4　面积对比

面积对比是指各种色彩在构图中所占据的量的比重，这是数量的多与少，面积的大与小的对比。尽管面积对比同色彩本身的属性没有直接关系，但却对色彩的效果产生深刻的影响。

色彩感觉与面积对比关系很大，相同的两种颜色，面积大小不同，给人的感觉不同。当两种颜色以相同的比例出现时，色彩对比最强烈。当一方颜色面积增大，一方颜色面积减小，整体色彩的对比效应也相应减弱。在通常情况下，色彩的面积小则易见度低，若是面积太小的色彩就会被底色同化，难以发现；面积大易见度高，刺激性也大。在色彩构图的过程当中，有时会感到色彩太跳，有时则显得力量不足，为了调整这种关系，除改变各种色彩的色相、明度和纯度以外，合理安排各种色彩占据的面积也是必要的（图 8.25）。

(a)　　　　　　　　(b)

(c)　　　　　　　　(d)

图 8.25　面积对比（学生作业）

8.3 色彩调和

调和是将有差别、有对比的,甚至相反的事物,调整、组合成为有条理、有秩序、有组织、有效率、和谐和多样统一的整体的过程。

两种以上的色彩在构成中,总会在色相、纯度、明度、面积等方面或多或少地有所差别,这种差别必然会导致不同程度的对比。过分对比的配色需要加强共性来调和,过分暧昧的配色需要加强对比来进行协调。色彩的调和可以说是各种色彩在统一与变化中表现出来的和谐。

在视觉上,既不过分刺激,又不过分暧昧的配色才是调和的。过分刺激的配色容易使人产生视觉疲劳、精神紧张;过分暧昧的配色由于过分接近,以致难以分辨出颜色的差别,同样也容易使人产生视觉疲劳,随之还有不满足、乏味、无兴趣的感觉。因此,配色必须遵循变化与统一的基本法则,变化里面求统一,统一里面求变化。

8.3.1 面积法

运用面积法可通过增减对比色各自占有的面积,将色相对比强烈的双方的面积反差拉大,使一方处于绝对优势的大面积状态,造成其稳定的主导地位,另一方则为小面积的从属性质,面积调和也称为优势调和,正如“万绿丛中一点红”所形容的那样(图 8.26)。

(a) (b)

(c) (d)

图 8.26 面积调和(学生作业)

8.3.2 阻隔法

阻隔法又称色彩间隔法、分离法等,是在两种对立的色彩之间建立起一个中间地带,来缓冲色彩的过度对立,这一方法可以在所有的色彩之间运用。

阻隔法可以不改变色彩的任何属性,处理得当既可以加强,又可以减弱画面原有的强度、力度、个性,也利于控制画面的色调。

强对比阻隔:在组织鲜色调时,将色相对比强烈的各高纯度色之间嵌入金、银、黑、白、灰等分离色彩的线条或块面,以调节色彩的强度,使原配色有所缓冲,产生新的优良色彩效果(图 8.27)。

(a) (b) (c)

(d) (e) (f)

图 8.27 强对比阻隔(学生作业)

弱对比阻隔:为了补救因色彩间色相、明度、纯度各要素对比过于类似而产生的软弱、模糊感,常采用此法。如浅灰绿、浅蓝灰、浅咖啡等较接近的色彩组合中,用深灰色线条作勾勒阻隔处理,能求得多方形态清晰、明朗,更有生气,而又不失柔和、优雅、含蓄的色彩美感(图8.28)。

(a)

(b)

图8.28 弱对比阻隔(学生作业)

8.3.3 统调法

在多种色相对比强烈的情况下,为使其达到整体统一、和谐、协调之目的,往往可以加入某个共同要素而让这一要素去支配全体色彩,也就是在相互对立的两色中共同添加某一颜色作为媒介色来减弱原有色彩的对比强度,达成调和的目的,称为色彩统调。一般有三种类型:色相统调、明度统调、纯度统调。

色相统调:在众多参加组合的色彩中,同时含有某一共同的色相,以使配色取得既有对比又显调和的效果。如黄绿、橙、黄橙、黄等色彩组合中由黄色相统调(图8.29、图8.30)。

图8.29 偏红的色相统调

图8.30 偏黄的色相统调

明度统调:在众多参加组合的色彩中,使其同时都含有一定的白色或黑色,以求得整体色调在明度方面的近似。如粉绿、血红、粉红、浅雪青、天蓝、浅灰等色的组合,由白色统一成明快、优美的“粉彩”色调(图8.31)。

图8.31　亮色统调(学生作业)

纯度统调:在众多参加组合的色彩中,使其同时都含有灰色,以求得整体色调在纯度方面的近似。如蓝灰、绿灰、灰红、紫灰、灰等色彩组合,由灰色统一成雅致、细腻、含蓄、耐看的灰色调(见图8.32)。

(a)　(b)

(c)　(d)　(e)

图8.32　纯度统调(学生作业)

8.3.4 削弱法

削弱法使原来色相对比强烈的多方，在明度及纯度方面拉开距离，减少色彩同时对比下产生的生硬、急躁的缺点，起到减弱矛盾冲突的作用，增强画面的成熟感和调和感。如黄与紫、蓝与橙的补色对比，因色相距离大，纯度反差小，使用不当会带来粗俗、浮躁之感，但分别改变其明度及纯度因素后，情况会改观，从而变得自然、生动，富于美感(图 8.33—图 8.35)。

图 8.33 黄和紫纯度降低(学生作业)

图 8.34 蓝和橙纯度降低(学生作业)

图 8.35 对比色纯度降低(学生作业)

8.3.5 综合法

综合法是将以上几种方法综合使用。综上所述，能引起观者审美心理共鸣的配色是调和的(图 8.36)。

(a)

(b)

(c)

(d)

(e)

(f)

(g)

(h)

(i)

(j) (k) (l)

(m) (n)

(o) (p)

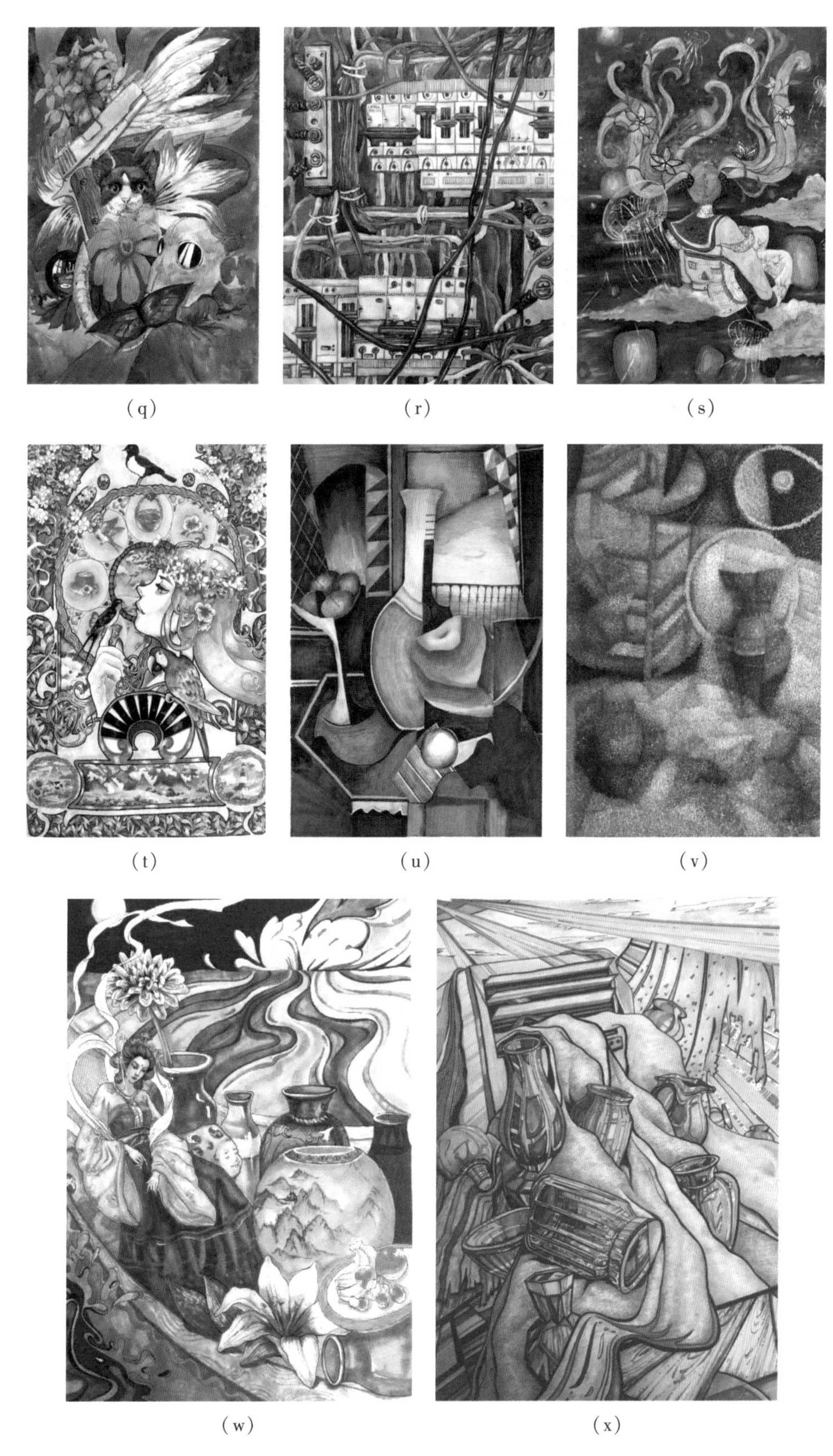

（q） （r） （s）

（t） （u） （v）

（w） （x）

(y)

(z)

图 8.36　综合调和(学生作业)

课程作业

题目 1:色相对比练习

要求:同种色、类似色、对比色、补色,各完成一张,每张尺寸 10 cm×10 cm。

题目 2:明度九大调练习

要求:用不同色相,完成 9 张不同明度对比,每张尺寸 10 cm×10 cm。

题目 3:纯度对比练习

要求:用不同色相,高强、中强、低强、高弱、中弱、低弱纯度,各完成一张,每张尺寸 10 cm×10 cm。

题目 4:色彩调和练习

要求:完成两张,每张尺寸 20 cm×20 cm。

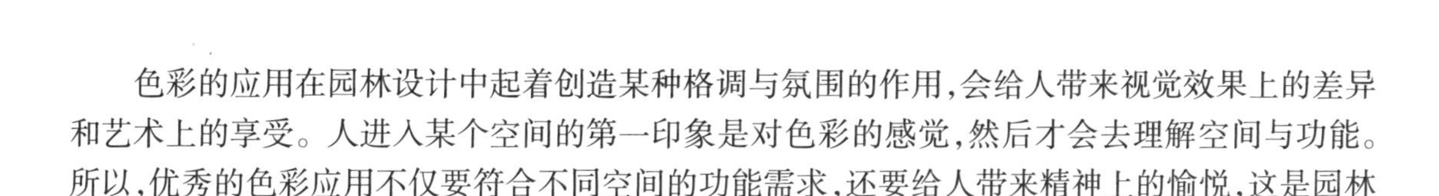

9 园林设计中的色彩应用

色彩的应用在园林设计中起着创造某种格调与氛围的作用,会给人带来视觉效果上的差异和艺术上的享受。人进入某个空间的第一印象是对色彩的感觉,然后才会去理解空间与功能。所以,优秀的色彩应用不仅要符合不同空间的功能需求,还要给人带来精神上的愉悦,这是园林设计不可忽视的重要因素。

色彩是富有感情的,是充满变化的,它对环境的空间感、舒适度、气氛使用效率及对人的生理和心理均有很大影响。在设计中可以通过色彩来表达冷暖、大小或远近,使用明亮的色调可以获得比实际空间更为宽敞的效果,使用深暗的色调让人产生狭隘的空间感。人们充分运用色彩的感觉和视觉效果,对不同空间的差异作出相应的色彩设计。纯度较低的色彩可以获得安静、柔和的空间气氛;纯度较高的色彩则可营造欢快、活泼的空间气氛,设计师应合理搭配不同色彩以满足空间功能的需要。

9.1 园林色彩的组成

9.1.1 色彩载体性质不同

根据色彩载体性质不同,组成园林的色彩可分为三类:自然色、半自然色和人工色。在园林的配色中,首先必须使环境的整体色调统一起来。要统一,色彩必须有主、次,这样就产生了如何处理景观中支配色的问题。支配色须和周围环境取得一致的调和,对色相、明度、彩度都要考虑。公园、广场、绿地中,从整体来看都是以深浅不同的绿色植物组合作为支配色的,建筑外墙、铺地、小品、水体等其他景观元素的色彩一般都是穿插其间作为点缀色而出现。而住宅、商场、工厂、学校、展览馆等各类建筑周围的广场、绿地面积一般不会太大。特别是对一些面积较小的场地,设计师可以更加发挥色彩的造型能力,突破绿色的限制。广场面积较大时,则主要以绿色为主,把植物和其他的景观元素放在同样重要的地位来安排景观色彩构图,从整体上考虑周围建筑的色彩,以及同时考虑所要追求的效果,从而决定主体色彩与支配色彩(图 9.1、图 9.2)。

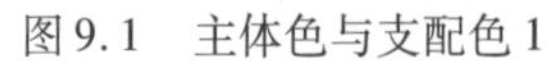

图9.1　主体色与支配色1

图9.2　主体色与支配色2

9.1.2　色彩功能不同

园林中的色彩根据功能不同可以分为三类:背景色彩、点缀色彩、主要色彩。背景色彩一般是大面积的天空、天然山水的色彩。在园林设计中,可以通过巧妙的构图设计,以天空和天然山水为背景进行色彩营造,展现不同时刻的自然色彩之美。点缀色彩也是人为色彩,包括园林建筑、道路环境小品等的色彩。点缀色彩种类丰富,用色自由度高,在满足功能与美学的前提下,可以很好地展现设计师的个性审美与专业素养(图9.3)。

(a)　(b)

(c)　(d)

图9.3　鲜艳的点缀色

主要色彩一般是园林植物色彩。植物是主要的造景元素,同时是造型、色彩表现的物质载体,是园林设计的核心内容之一。如果说建筑色彩、公共设施、交通道路等是城市园林的静态色彩,那么植物色彩无疑是园林色彩中最富变化的动态色彩因素之一。由于植物能够随季节的变化而呈现出不同的色彩表情,无论在功能上,还是景观上,都成为园林中不可缺少的构成因素。随着四季的更替,植物色彩由春天的枝翠叶绿到夏天的绿荫茂密,再到秋天的五彩斑斓,以及冬天的松苍红梅,逐渐呈现给人们的是一幅幅色彩绚丽多变的四季图,给常年依旧的山石、建筑赋予了生机和活力。因此植物美成为构成园林美的重要角色。自然界植物种类繁多,从观赏性来说可以观花、观果、观叶,也可以观枝、观干等,色彩资源丰富。植物的叶子大多数是深深浅浅的绿,绿是园林植物色彩搭配的基调。植物的花朵色彩五彩缤纷,如有红色的海棠、一串红、山茶、红杜鹃,有橙色的金盏菊、金桂,有黄色的太阳花、腊梅、向日葵,有蓝色的飞燕草、风信子、鸢尾,有紫色的紫罗兰、薰衣草,等等。形形色色的植物就像充满灵感的画家,把或灰或黄的大地装扮得五颜六色、生机盎然。植物色彩具有温度感,可以改变环境。暖色系的植物适合寒冷的季节,如黄色的腊梅、连翘都是在冬季和早春开花;暖色系的植物能够亮化环境,给阴霾天气下的环境带来生气。冷色系的植物适合暖热的季节和地区,如广东地区常采用的蓝花楹作为景观植物。(图9.4)。

(a) (b) (c) (d)

图9.4 丰富的植物色彩

9.2 园林色彩设计运用的基本原则

9.2.1 整体的和谐统一

对比使得色彩鲜明,调和使得色彩稳定舒适。任何色彩搭配法则都要有度,过度对比容易杂乱无序,过度调和则沉闷死板。在园林设计中,应该通过色彩的对比与调和达到色彩设计的目的,使园林布局中各景观要素与整体环境色彩既统一,又有变化(图9.5—图9.9)。

图9.5 黄色统一画面

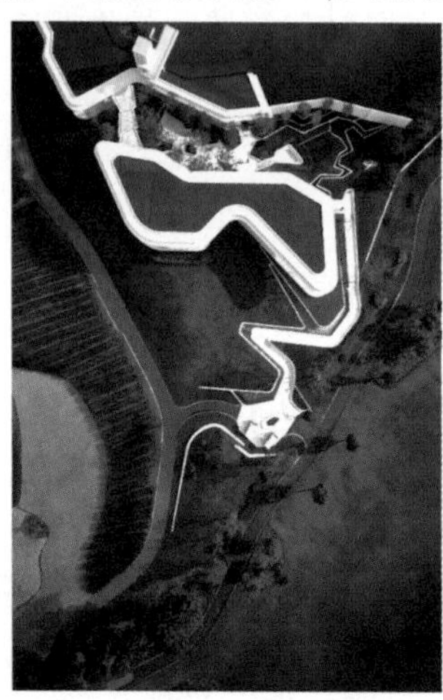

图9.6 绿色统一画面

图9.7 蓝色统一画面

图9.8 紫色统一画面

图9.9 灰色统一画面

9.2.2 以人为本

园林景观的使用对象是人,因此首先要满足人的使用功能,如日常生活、心理需求和审美情趣等。随着社会的发展和时代的进步,现代园林景观的受众从以前的少部分人变成了大众。所以在现代园林景观设计中,需要尊重大众的需求,而非只是追求景观设计的新颖与绚丽,要做到以人为本。

9.2.3　体现地域文化

不同的地理位置形成不同的气候环境，进而形成不同的风土人情和人文风俗，作为文化与传统传承的色彩就具有了地域性。由于色彩的文化性，在园林景观的色彩设计中就要尊重传统与文化，并以地方风情为背景，充分体现地域特色。

9.2.4　时间性

由于时间的改变、昼夜的轮回、季节的交替，园林景观会产生不同的色彩变化。如阴天下日光呈冷色，使得园林景观显得清凉；而晴天的光线使得园林景观显得炫目。又如云雾雨雪等自然现象也会使得光线受到一定的影响；一天中，从清晨到傍晚，日光的色温也有所不同。这些因素都会影响园林景观的色彩表现。因此，在园林景观色彩设计中要考虑时间、季节等的影响(图9.10)。

(a)

(b)

图9.10　色彩的时间性

9.3　不同色系在园林设计中的应用

9.3.1　暖色系在园林设计中的应用

暖色系主要指红、黄、橙三色以及这三色的邻近色。红、黄、橙联系着热烈、欢快的情感，在景观设计中多用于一些庆典场合，如用在广场花坛及主要入口和门厅等环境(图9.11)。

(a) (b) (c) (d) (e) (f)

图9.11　暖色系景观

9.3.2　冷色系在园林设计的应用

冷色主要指青、蓝及其邻近的色彩。冷色光波长较短,可见度低,在视觉上有退远的感觉。在园林景观设计中,一些空间较小的环境边缘可采用冷色或倾向于冷色的植物,能增加空间的深远感。在面积上冷色有收缩感,同等面积的色块,在视觉上冷色块比暖色块面积感觉要小。在园林景观设计中,要使冷色与暖色获得面积相似的感觉,就必须使冷色面积实际略大于暖色面积。冷色能给人以宁静和庄严感。在设计中,特别是花卉组合方面,冷色也常常与白色搭配,再配以适量的暖色,能产生明朗、欢快的气氛。这种配色在一些较大的广场中的草坪、花坛等处多有应用。冷色在心理上有降低温度的感觉,在炎热的夏季和气温较高的南方,采用冷色会使人产生凉爽的感觉(图9.12)。

(a)

(b)

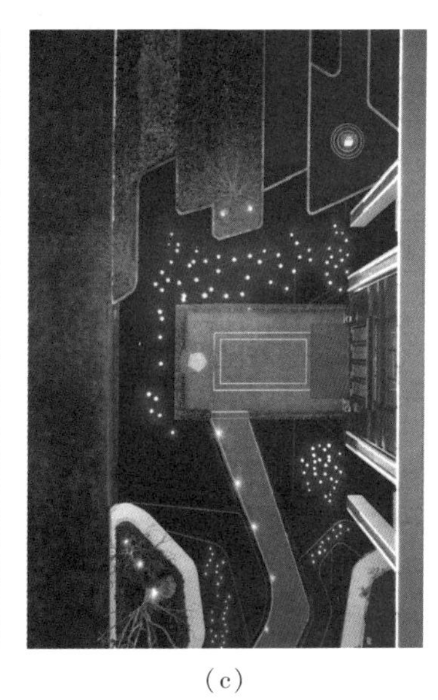

(c)

(d)

(e)

图9.12　冷色系景观

9.3.3 金、银色在园林设计中的应用

金、银色在色性上讲,金色为暖色,银色为冷色。在传统景观中,金、银色一般作为建筑彩绘中的一种装饰色彩,在景观小品、装置雕塑中应用也很多,多采用现代工业材料,如铜、不锈钢、钛合金和其他一些合金材料等。在设计上,选用什么样的色彩,主要取决于景观小品、雕塑本身的内容和形式,另外还有一个客观因素,即要与所处环境的色彩与质感协调,并要有一定的对比关系。一般来说,在现代感较强的环境中设置小品、雕塑,多采用银色,如不锈钢等合金材料(图9.13);而在一些带有宗教或者民族特色的景观设计中多使用金色(图9.14)。

(a) (b)

(c)

图9.13 银色景观

图 9.14　景观中的金色

9.3.4　黑白灰色在园林设计中的应用

黑色、白色、灰色被称为无彩色，主要被应用到园林建筑、小品、铺装和植物配置之中。在现代景观设计中黑、白两色应用较多，特别是在护栏、围墙等方面应用。如很多地方的沿街围墙、局部护栏等均以黑色铸铁的花格图案构成，这些黑色的护栏、围墙与川流不息和五颜六色的环境形成对比，给人以高雅、端庄的稳定感。黑白两色在有些广场、道路铺装的图案组合中也常应用(图 9.15)。如某些城市广场的游人步道和滨河道路，以白色的大理石铺成，镶着黑色的图案，给人明快、高雅之感。在对比色中可利用白色来缓冲对比度。在花卉设计中，常利用白色提高图案的明度，增加层次感。

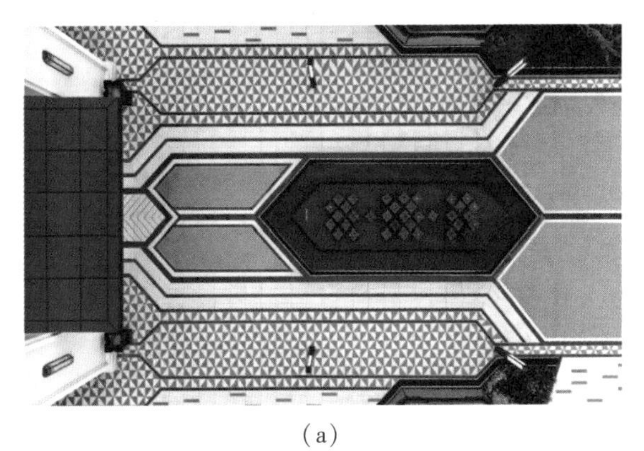

(a)

(b)

(c) (d) (e)

(f) (g) (h)

图 9.15 园林铺装中的黑白灰

9.3.5 同种色在园林设计中的应用

同种色是同一色相内深浅程度不同的色彩,如深红与粉红、深绿与浅绿等。这种色彩组合在色相、明度、纯度上都比较接近,因此容易取得协调,在植物组合中,能体现其层次感和空间感,在心理上能产生柔和、宁静、高雅的感觉(图 9.16)。如在大面积的草地上,种植一些深浅度不同的绿色植物,可以在不影响草地空间感的同时,增加色彩的层次感和立体感。再如,在一些花坛中以深红、浅红、粉红依次向外或向内渐变,进行色彩过渡,形成次感和韵律感。

(a) (b) (c) (d) (e) (f)

(g) (h)

(i) (j)

图 9.16 园林中的同种色

9.3.6 类似色在园林设计中的应用

色彩与色彩之间含有共同色彩成分的是类似色,含相同色彩成分越多,亲缘关系越近。如红色郁金香、夹竹桃、一品红、红杜鹃,都含有共同的色彩红色;棣棠、腊梅、迎春花,都含有黄色。在绿色观叶植物和草坪为主的环境里,搭配偏黄或偏蓝的植物,既和谐统一又有一定变化,给人一种生机勃勃的清新感受(图 9.17)。

(a)

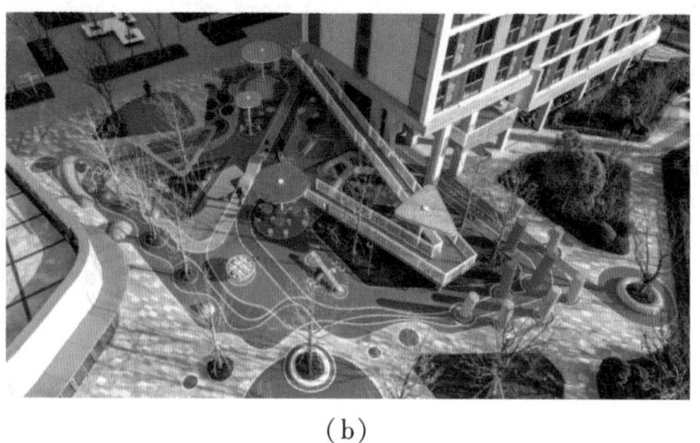

(b)

(c)　　(d)

(e)　　(f)　　(g)

图 9.17　园林中的类似色

9.3.7　对比色及补色在园林设计中的应用

对比色对比较强烈，主要应用于一些花坛、花柱和景观主体等造型，使其表现出强烈的视觉效果，给人以欢快热烈之感（图 9.18）。在设计中，“红花绿叶”的形式最为常见，通过红与绿的对比，视觉上造成强烈的冲击效果。红绿对比，绿色作为底色，有了后退感和延伸感，红色有了前进感和簇拥感，这就形成了丰富的层次感和立体感。

在补色对比中，还有不同的明度和纯度的对比，不同面积的对比。这在植物花卉组合中应用较为广泛（图 9.19）。补色对比的运用在景观植物造景中表现得尤为突出，人们所描绘的“万绿丛中一点红”就是该方式的具体体现之一。在大面积的绿色空间内点缀小体量的红色品种，形成醒目明快、对比强烈的景观效果。

(a) (b) (c) (d) (e) (f)

图 9.18　园林中的对比色

(a) (b) (c) (d) (e) (f) (g) (h)

图 9.19 园林中的补色对比

9.4 园林色彩美的营造

园林色彩的设计与配置,不应只局限于设计画稿上的美观和合理,它应当是色彩设计的实际应用。因此,要使色彩配置在环境空间中发挥最好的机能作用,还必须从人的生理、心理、职业、年龄等多方面考虑。人和周围环境有着多元的互动,随之发展出环境及环境美学的新概念。人们对设计师的期望值很高,远远超出对技术的要求。设计师创造出来的最理想境界是集功能和美感于一体的空间。丰富而理性的色彩运用,不仅体现出人们对自身生活的美好向往与追求,而且体现了色彩语言在空间视觉表现中的指导与应用。

9.4.1 自然本身色彩现象的利用

自然色彩是指在自然界中生成的色彩现象,是不以人的意志而存在的色彩形态。自然本身的色彩现象在室外色彩设计中的利用可分为两种不同的形式:一种是特定的室外自然空间环境的色彩现象与人为创造因素的和谐融合。设计中通过合适的人为手段有效地调动客观自然中的色彩现象,使之与人为的创造因素达到无缝连接。另一种是借助自然色彩的启发,创造室外设计的色彩形式。纯粹的自然色彩是帮助建立敏锐色彩感觉能力的直接对象,但是,这种感性色彩审美判断能力的加强,离不开色彩心理感应的参与。自然状态下的色彩在给予人们心理功能的作用时所反映出来的色彩视感印象,最终成为引导人们借以阐发某种相同感应的艺术因素。例如,金色与青色光影下的泰姬陵和颐和园的十七孔桥景观的类比(图 9.20、图 9.21)。

图 9.20　十七孔桥

图 9.21　泰姬陵

9.4.2 人为色彩的应用

园林空间环境的人为因素是相当丰富的,为使色彩在这个空间环境中获得最佳的视觉效果,必须随时对各种人为的色彩因素进行恰当的调配,甚至可以用改造的方式对环境进行新的色彩方案的实施。例如,原有的特定空间中的色彩过于沉闷,就可以通过新的色彩设计方案来调节或激活。这种人为的色彩设计方案的改变对于园林环境的色彩设计,能够增添其可变的特征。

自然色彩与人为色彩的运用在园林色彩设计中同样起着重要的作用。人为色彩依据自然色彩而选择,自然色彩映衬人为色彩而呈现出本真的色彩美感。作为设计师应把握这样一个原则,即色彩的设计总是以环境的和谐以及能够体现时代需求的审美特征为准则。

自然界因为色彩的点缀而生机勃勃,世间万物因为自身独特的色彩而显出个性的魅力。园林景观设计中色彩的应用是设计的核心内容之一,这一环节的处理直接影响到设计完成的效果。随着色彩科学的进步和相关理论的发现,人们对色彩有了更加科学全面的认识,光与色成为园林景观中不可缺少的设计要素。因此,科学、巧妙地设计园林景观中的色彩,将使人们的生活更加绚丽多彩。

课程作业

题目:寻找园林景观中的色彩美

要求:按照形式美法则,自己构图取景,拍成实景图片,不少于 50 张,以 PPT 展示。

第3篇

立体构成

10 立体构成概述

10.1 立体构成的概念

构成具有组构与合成之意,是将造型的基本要素按照形式法则重新组合成新的视觉形象,从而创造出新形态的过程。立体构成也称为空间构成。立体构成是用一定的材料,以视觉为基础,力学为依据,将造型要素按照一定的构成原则,组合成优美的形体的构成方法。它是以点、线、面、体,来研究空间立体形态的学科,是研究立体造型各元素的构成法则。其任务是揭开立体造型的基本规律,阐明立体设计的基本原理(图10.1—图10.7)。

图10.1 建筑中的形式

图10.2 马丁内斯"倒逻辑"雕塑

图 10.3　园林中的线条

图 10.4　景观建筑作品

图 10.5　景观雕塑

图 10.6　玻璃景观雕塑

图 10.7　室内景观

立体构成是现代设计领域中一门造型基础课。在立体造型中首先要明确一个概念,即形态与形状。平面造型中称平面的形状,这个形是物象的外轮廓,而形态指的是立体造型的外形和姿态。即形状是外形的一个面向,形态是多个形状所构成的整体。形态是立体造型全方位的印象,是外形与姿态的统一。

立体构成是由二维平面形象扩展进入三维立体空间的构成表现，两者既有联系又有区别。它们都是一种基础训练，可以培养学生的造型概念和审美能力，训练学生的抽象构成能力。区别是：立体构成是三维的实体形态与空间形态的构成，结构上要符合力学的要求，材料也影响形式语言的表达。立体构成是在三维空间中，将形态元素按照视知觉规律、力学原理、审美法则创造出实际占据三维空间的形体。简而言之就是以材料的纯粹或抽象的形态为基础，运用力学和视觉美学原理，通过某种技术手段将材料组合成的立体构造，并能从不同的方向对造型进行观察的行为。整个立体构成的过程就是一个分割到重构的过程。任何形态都可以还原到点、线、面、体，而这些元素又可以构成众多新的形体。因此，立体构成研究的重点在于探索空间中纯粹三维立体形态的形式美感以及造型规律，从而为此基础上的各种现代设计提供创造视觉形态的经验和规律（图10.8—图10.13）。

图10.8　户外立体造型

图10.9　立体装置

图10.10　分割与重构

图10.11　康定斯基的抽象画

图 10.12　毕加索《公牛》

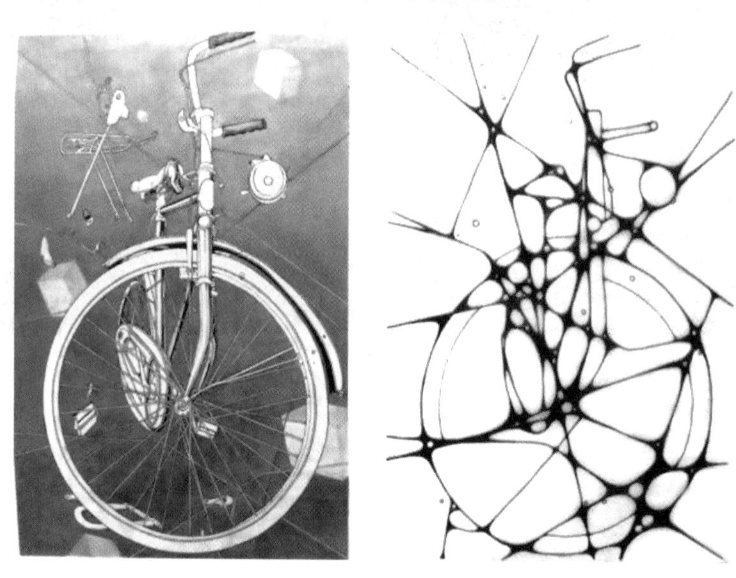

图 10.13　抽象的自行车

10.2　立体构成的起源

设计构成是现代设计教育的一门专业基础课,设计构成包括平面构成、色彩构成和立体构成。立体构成是三大构成之一,它是工业设计、建筑设计、装潢设计、包装设计、雕塑设计等现代艺术设计和造型艺术教学共同的基础课程。立体构成教学源于 20 世纪 30 年代的包豪斯学院,它是现代设计的摇篮和发源地。包豪斯学校的整个建筑造型十分简洁,注重功能性(图 10.14)。康定斯基是包豪斯学院最有影响的成员之一,这不仅仅因为他是一个艺术家,是现代抽象的一个先驱,带来了俄国抽象艺术革命第一手资料,而且他还建立了视觉和理论清晰的系

统。1926年《康定斯基论点线面》出版，其中提出了艺术作品的要素，以及它们之间的关系，下了一个比较绝对的定义。而这种关系主要是指一个因素对另外一个因素以及整体的关系，他将所有的形态都抽象为点线面并加以来讲解（图10.15）。另外一位老师叫保罗克利，20世纪20年代的艺术家。保罗克利加入包豪斯学院的阵营，主要教授的是装订镶嵌彩色玻璃绘画等课程。他同样也出版了一部相关著作，德文版《克利与他的教学笔记》，1925年出版。此后这本书被译成各种各样的文字，流传于全世界，至今为止这本书仍然是很多设计学包括美术教育的权威参考书。这本书是从一些非常简单的现象开始引导读者逐渐加深对结构、平面、尺寸、平衡、运动等形式法则的理解（图10.16）。包豪斯的第三任校长米斯凡德罗，他所提出少即是多的原则。他的设计作品中各个细部精简到不可再精简的绝对境界，这就是他的设计风格。他设计的著名的巴塞罗那椅，是现代家具当中的经典杰作。瓦西里椅子是马歇布劳耶1927年设计的（图10.17）。马切布劳耶是匈牙利著名的家具设计师，而这把椅子也是世界上第一把钢管椅子，设计师为了纪念他的老师康定斯基，故而取名瓦西里。在瓦西里椅基础上的变化现在仍然还在一直沿用，人们经常会看到这把椅子的雏形，经过变化之后还会出现在办公室、卧室或者餐厅里。瓦西里椅子可以说是20世纪非常典型的象征包豪斯现代主义设计的一个作品。包豪斯在现代设计当中占据了非常重要的地位，它所提倡的形式追随功能，开启了现代主义设计的源头，并且培养出了一大批优秀的设计师，创作了一大批优秀的经典设计作品。包豪斯还将艺术家和设计师进行了明确的划分，它所倡导的设计是要去除干扰和装饰，倡导好的设计是创新的、实用的、谦逊的、诚实的、坚固耐用的、细致的、环保的……这也是立体构成这门课程的源头。

图10.14　包豪斯综合大楼

图10.15　康定斯基的著作

图10.16　《克利与他的教学笔记》

图10.17　瓦西里椅子

10.3 立体构成的形态

日常生活中,从玩具、电子产品等小型物件到室内家具、家用电器等较大的立体形态,建筑物、庭院、都市等大规模的“三维形态”,工厂机械和交通工具等用于制造或者运输的各种机械类用具,都属于三维的形态(图 10.18、图 10.19),人们生活在各种三维的形态环境中。上述物体都是从其实用功能和用途来设计形态的,还有一些没有实用目的的形态,如当作纯粹艺术鉴赏的雕塑作品或者其他艺术造型(图 10.20)。

图 10.18 庭院楼梯造型

图 10.19 造型新颖的摩托车

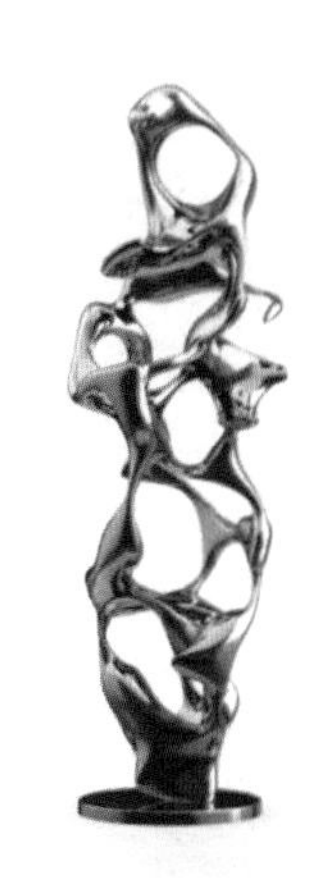

图 10.20 雕塑作品

形态分为自然形态、人工形态等。

10.3.1 自然形态

自然形态指在自然法则下形成的各种可视或可触摸的形态。它不随人的意志改变而存在,如高山、树木、瀑布、溪流、石头、动物、植物、昆虫等。自然形态又分为有机形态与无机形态。

设计中,人们常常会借鉴和学习一些自然的形态,而这种方法叫作师法自然,用非凡的眼睛在自然界中去寻找有意味的形式。人们对形式的创作最初来源于对自然的模仿与学习,自然界的万事万物都有它们的特性,不断地启发着人们在设计中的各种巧思,人们也不断地从自然当中寻找形态的规律和灵感(图 10.21—图 10.24)。朱光潜先生在“谈美”中谈及认识事物,可以有很多的角度来进行有实用的态度、有科学的态度、有美感的态度。

1)有机形态

自然的有机形态是接受自然法则支配和适应自然法则,生长在自然界中的形态,常表现出旺盛的生命力,给人以舒适、运动、扩展、和谐的感觉。有生命的动植物就是最典型的有机形态,如强劲有力的树枝、花纹美丽的昆虫、含苞待放的花骨朵、柔美的人体、象征生命的太阳、星球的大层气等(图 10.25—图 10.29)。

图 10.21 云造型的雕塑作品

图 10.22 水造型的雕塑作品

图 10.23 自然界中的纹理

图 10.24 自然界中的形式感

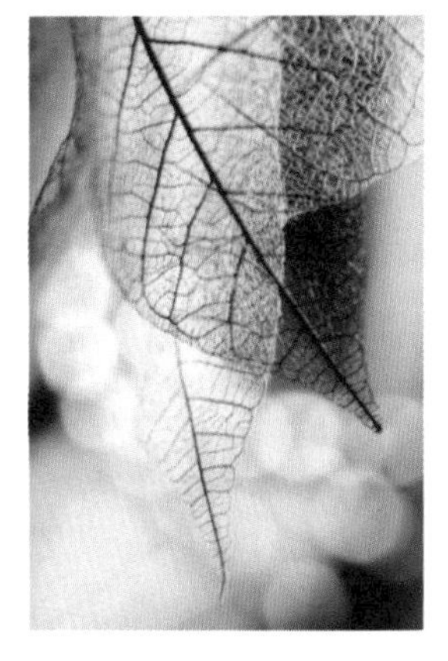

图 10.25 树叶上的叶脉

图 10.26 花朵和蝴蝶

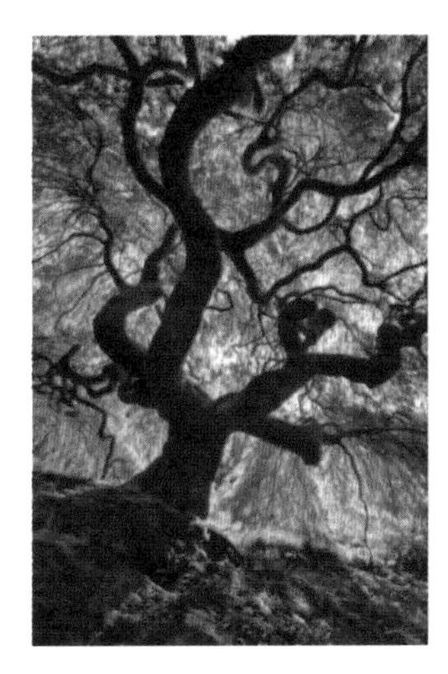

图 10.27 树枝的生命力

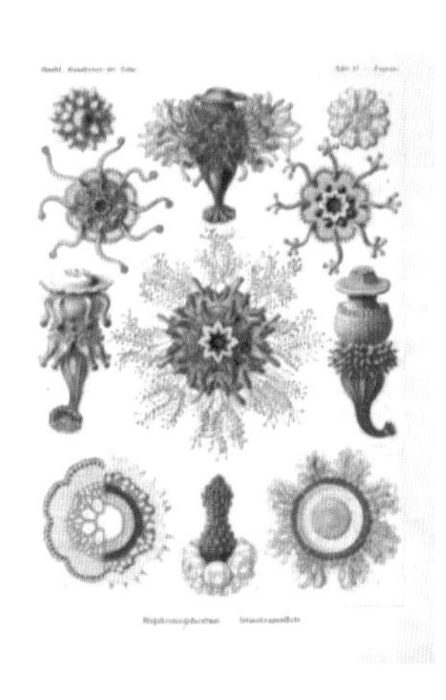

图 10.28 《自然界的艺术形态》插图

图 10.29 木星上美丽的气态花纹 2)无机形态

2)无机形态

无机形态是本来就存在于自然界,但不继续生长演变的一种形态,也就是指不再有生长机能,但会随着其他因素(风力、水力)进行变化的形态。无机形态相对有机形态来说是没有生命力的,给人安定实在的感觉。自然界中的山、水、岩石、云彩、矿石等,这些都属于无机形态(图10.30—图10.37)。

图10.30　被水冲刷、搬运过的卵石

图10.31　风蚀过的石块

图10.32　瀑布

图10.33　天然矿石

图10.34　云

图10.35　借鉴自然形态的设计

图 10.36　自然界中的山

图 10.37　自然界中的洞穴

3）偶发形态

偶发形态在设计当中也会称为偶然形，是自然界中所形成的并非人的意志可以控制的一种形态。偶然形具有非持续性且随机性强的特点，给人赋予千变万化无法琢磨的感觉。偶然形有它的设计难点，因为效果是随机的，在造型当中，如果处理不当会导致整个作品的杂乱无章。摄影中的偶然形态，如雨水冲刷在玻璃上面每一秒所形成的景象都是不一样的，不可逆的，不可复制的（图 10.38）。水墨当中的偶然形态，由水和墨汁之间相互溶解渗透（图 10.39）。波洛克就是抽象表现主义的一位先驱，他的作画方式很特别，就是随意泼颜料，洒出变化万千的流线。他的作品有很强的自然品质，这种看似随心所欲的行动过程所产生的偶然形态成为他独特的标志（图 10.40）。

图 10.38　玻璃上的水滴

图 10.39　水墨

图 10.40　美国艺术节波洛克

10.3.3 人工形态

人工形态是指人类有意识地从事某种造型活动之后而产生的形态,从外部的特征上来看可以分为抽象和具象两类。抽象的形态是指以简化的手法表现客观事物,在主观感受当中的形态,偏向于自我纯粹的表达方式。抽象形态,它并不完全地去模拟现实,如没有明确形象的室外雕塑,只是三维的抽象形体(图 10.41、图 10.42)。具象是以模仿客观事物而显示其形象特点的形态,相对忠诚的态度再现客观事物的真实面貌,将物体的细节本质如实地反映出来(图 10.43、图 10.44)。

图 10.41　抽象的雕塑作品

图 10.42　日本森林环圈装置

图 10.43　具象的雕塑作品

图 10.44　金属蘑菇雕塑作品

10.4 立体构成的对象

首先,立体构成探讨的重点是点、线、面、体、空间等构成形态的基本要素,对基本要素的研究非常重要;其次,立体构成中制作形态的材料也非常重要,不同材料具有强度、弹性、热性能、

质感、触感、重量、可塑性、加工手段等不同的特性。但是立体构成课选择的材料种类繁多,只能仅列举一些常用材料来探讨(图 10.45—图 10.48)。

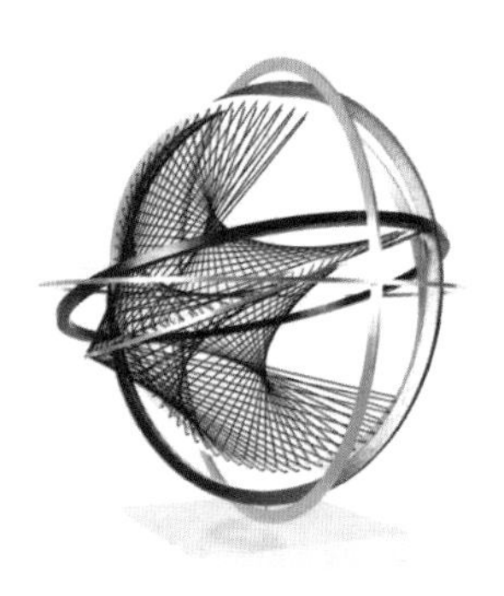

图 10.45　线条构成的形态

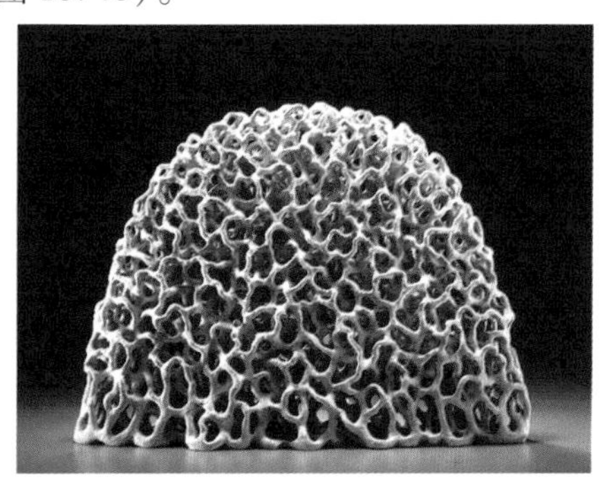

图 10.46　新材料的表现力

图 10.47　现代雕塑作品

图 10.48　软雕塑作品

要在立体构成中创造出优美的造型形态必然要认识形式美的规律——均衡、对比、统一、对称、节奏感等。此外立体造型的结构问题、物体的运动问题也是必须研究的主题。在平面作品中造型无法运动,可以采取模拟物体运动的表现手法,在立体造型领域可以使造型产生真实的运动,可以展现出更丰富的视觉感受。

10.5　立体构成的学习方法

立体构成是一门创造性和实践性很强的学科,主要培养学生的设计感觉和设计能力;
立体构成是研究三维造型的基础学科,是由二维平面形态到三维立体空间的构成;
立体构成是造型艺术设计和形态设计的重要基础课程;
立体构成是艺术专业设计教育的基础课程。

10.6 立体构成的目标

立体构成和平面构成相比,研究的内容和方向都不相同,但是在艺术设计教学的目的上是相同的。立体构成的目标是学习造型的基础知识和技能,探讨的是如何培养创造性思维和创作能力,提高与造型相关的敏锐感觉和相应的审美素质,而不是追逐潮流的形式感。

在学习立体构成的时候对普遍性规律理解的同时需要保持"实验性"的态度,探索新的形式、结构、材料、技法造型的可能性。这是非常重要的,总结起来有以下几点:一是拓展思维的空间,培养空间思维的能力;二是培养三维空间的造型能力;三是提高构思创意能力;四是提高对材料的理解和对工艺的思考;五是增强造型审美的形式感受能力(图10.49—图10.52)。

图10.49　现代家具设计

图10.50　建筑中的装饰美学

图10.51　现代室内设计

图10.52　公园儿童互动装置

课程作业

题目:寻找自然界中的美

要求:用手机或速写记录身边的自然形态、偶发形态和人工形态。

11 要素的构成

11.1 点

11.1.1 点的概念

在立体构成中,当构成元素同周围空间环境相比是以点状形式存在,便可以将这种组合状态称其为点状的构成形式。在实际生活中,绝对点的概念元素是不存在的,日常生活中所能观察到的对象,是以形体来呈现的,所谓的点也是体量相对较小的体。在立体构成中,一个物体是否被看成点,是与它所处的环境相比较而言的,只要和周围空间环境相比足够小,就可以认为是点。而本章中探讨的构成要素是通过日常生活中的案例进行应用分析和制作解析,最终完成点构成的设计项目(图 11.1—图 11.8)。

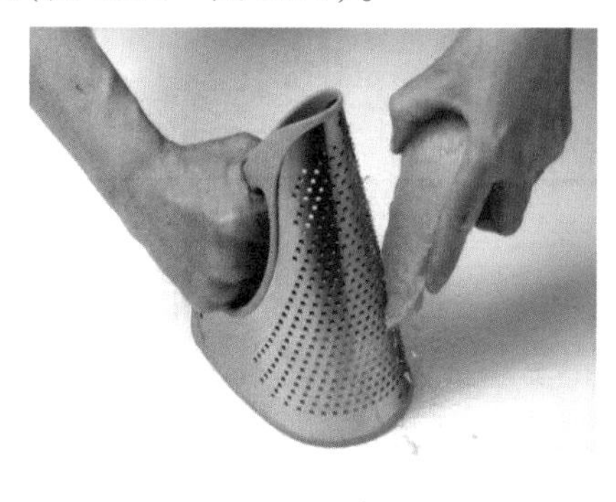

图 11.1　工具中的点形式

图 11.2　原木台面上点的形式

点在线构成、面构成、体构成 、综合构成中经常出现。在构成中适当地添加或辅助几个点,往往可以起到较强的视觉导向作用。所以,点的形态是立体构成中不可缺少的重要组成部分。在运用时只需把握住点的以小见大的特征,就可以在立体构成作品中灵活运用。

图 11.3 点在空中的排列

图 11.4 空中连续的点

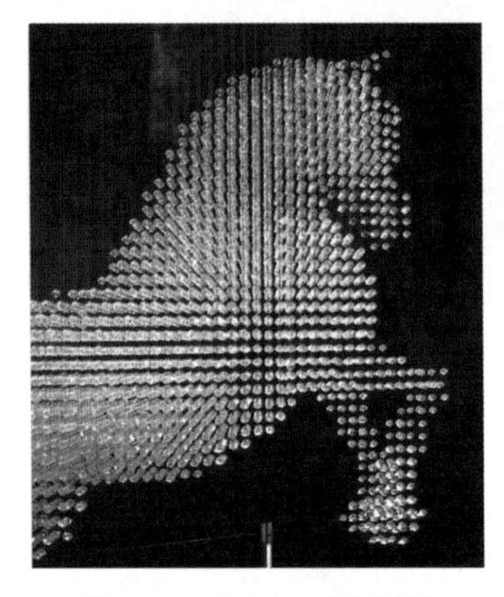

图 11.5 玻璃点构成的雕塑

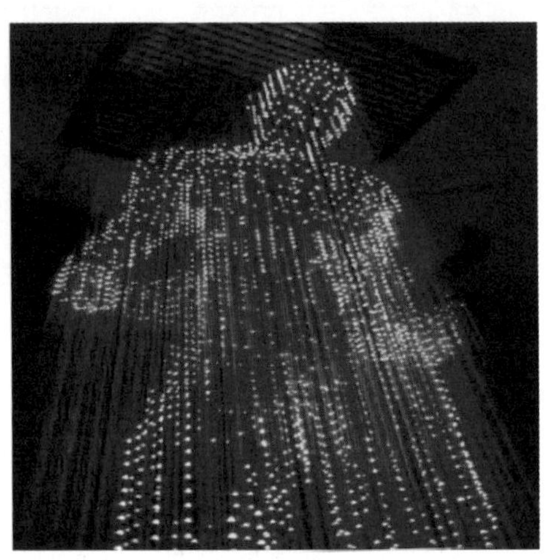

图 11.6 发光点的应用(动态的点)

图 11.7 镂空的点

图 11.8 小石块点元素的雕塑

在立体造型中纯粹点的造型作品比较少,因为单独的点无法悬浮在空中,必须依靠支撑物,如线段或其他形态物体。于是,不得不想办法隐藏这些物体,如用黑色线吊挂白色的点,背景处理成黑色,线的形态就会消失,仅看到白色的点。

11.1.2　点构成形式的应用方法分析

1)点构成形式的密集堆砌

点在立体构成中作为最基础的构成形式,在实际的设计应用当中也有充分的体现。点构成形式作为一种抽象概念的表达,可以通过体量放大来呈现,单体元素以体量形体来表现,彼此之间呈现相互嵌套、彼此包含、并置的状态(图 11.9—图 11.12)。

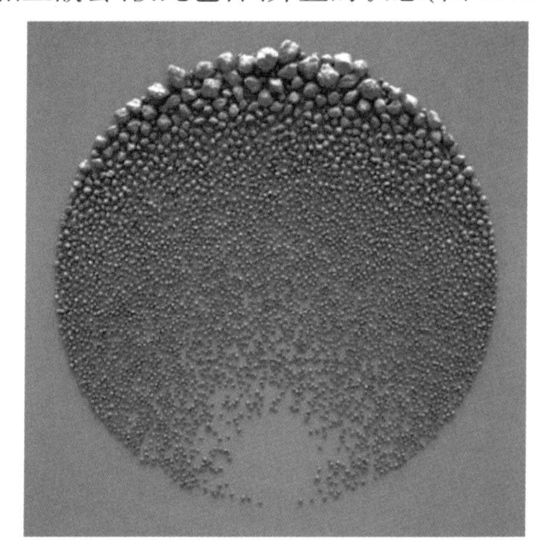

图 11.9　点的平铺渐变

图 11.10　点的密集堆砌

图 11.11　用小木棍的装饰品

图 11.12　用绿豆制作的碟形装饰

2)点构成形式的秩序化排列

(1)点构成形式载体的紧密排列

以点状构成形式的单体元素,通过紧密排列的方式进行组合,会在视觉上形成冲击力(图 11.13、图 11.14)。

(2)点构成形式载体的松散排列

以点状构成形式的单位元素以松散的方式进行整合,散落于空间当中(图 11.15、图 11.16)。

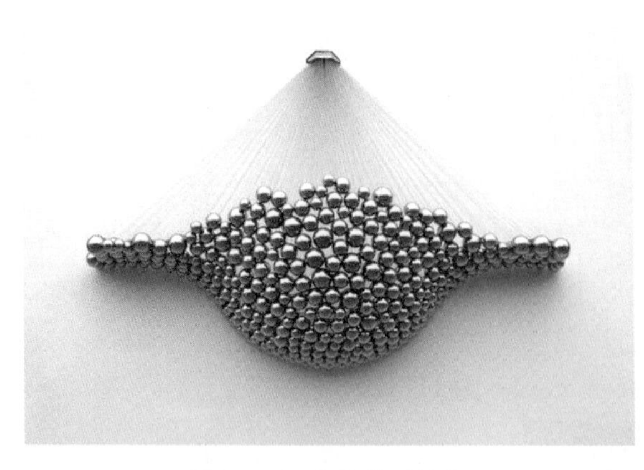

图 11.13　密集排列的点

图 11.14　疏密排列的点

图 11.15　发光点的起伏排列

图 11.16　有规律地松散排列的点状灯饰

11.1.3　点构成形式的力度感和空间感

呈点状构成形式分布的各元素，进行有序排列，距离越大，越容易产生分离、轻盈的效果；距离越小，越容易产生聚集、结实的效果。

点状构成形式的组成单体所处空间的位置不同，给观者的感受也不尽相同。空间居中的单体，视觉稳定；点状单体通过在空间的位置如上下、前后、左右，会构建出无形的空间，产生漂浮之感；沿一个方向有序排列的点可以产生线感和节奏感；由大到小渐变排列的点，在视觉上产生移动感（图 11.17—图 11.22）。

图 11.17 点在平面中的空间感

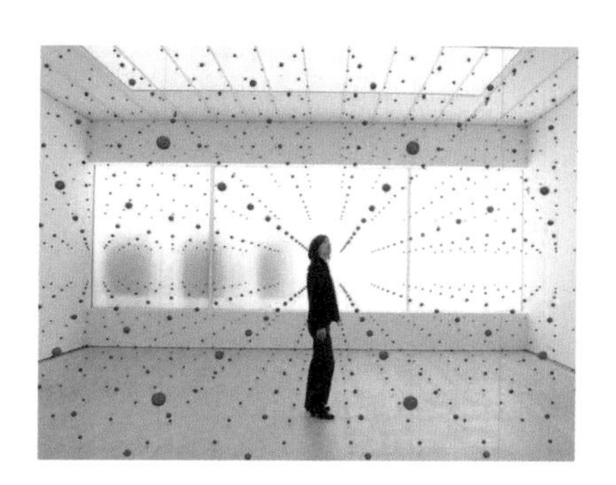

图 11.18 空间中的点

图 11.19 阳光透过遮阳板

图 11.20 室内灯光设计

图 11.21 光点隧道

图 11.22 雨滴效果作品

11.2 线

11.2.1 线的概念

在几何学中,线是点移动的轨迹。线在立体构成中有很重要的作用,具有极强的表现力。线具有长度、宽度和方向性。在一个空间中,线的粗细和长度达到一定比例就比其他视觉要素更具有速度性。根据线的特性,日常生活中常见的"线"的构成主要通过不同的排列方式来呈现,如建筑物的天顶、物品的骨架、编织品的线条等(图 11.23、图 11.24)。

在运用时只需把握住线立体构成的特点,线材构成的方式以及软硬线的表现形式,就可掌握线立体材料在三维空间中的造型表现。通过线体的排列,可以组合所限定的空间形式,它具有轻盈剔透的感觉,可以创造出透明的空间效果。

图 11.23　建筑物的玻璃天棚

图 11.24　编织的竹席

11.2.2 线的构成方法

1)同一线性构成形式载体的构成方法

当线构成形式的结构以一种固定的形态存在,可以此为基本元素进行变形、复制,通过形体间的偏移、重叠、旋转排列、疏密排列、随机叠加等方式,来对线性元素形式进行组合表达(图 11.25—图 11.28)。

图 11.25　环绕形式的线

图 11.26　变换线围合的线

图 11.27　线型景观小品

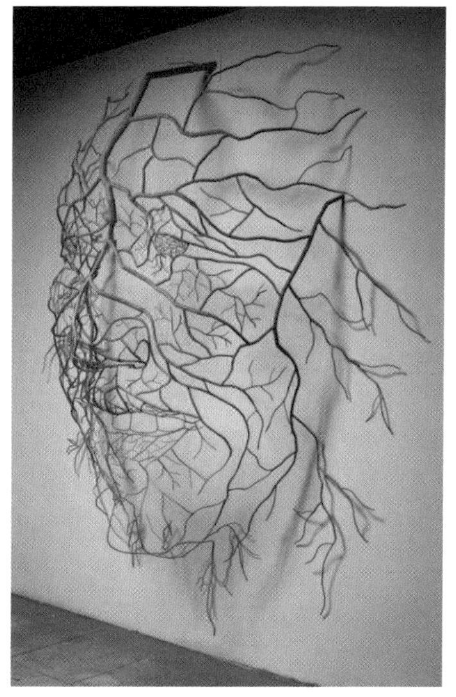

图 11.28　线型雕塑作品

(1)线的多层构成

将线形物体按照一定的方向有规律地排列,形成具有较强节奏感和秩序感的立体空间造型称为线的多层构成(图 11.29—图 11.34)。

图 11.29　线的排列变化

图 11.30　建筑外立面装饰设计

图 11.31　饮料陈列设计

图 11.32　建筑外立面装饰设计

图 11.33　商店吊顶设计

图 11.34　蛋糕店吊顶设计

(2)框架组合构成

以某一种基本框架单元为单体,可以是平面的或者三维的。通过一定的秩序排列,组合而成的空间形态结构称为框架组合构成(图 11.35—图 11.42)。

图 11.35　自行车架的构成

图 11.36　自行车架的排列

图 11.37　方形框架的排列

图 11.38　五边形框架的排列

图 11.39　户外景观中立方体框架的组合

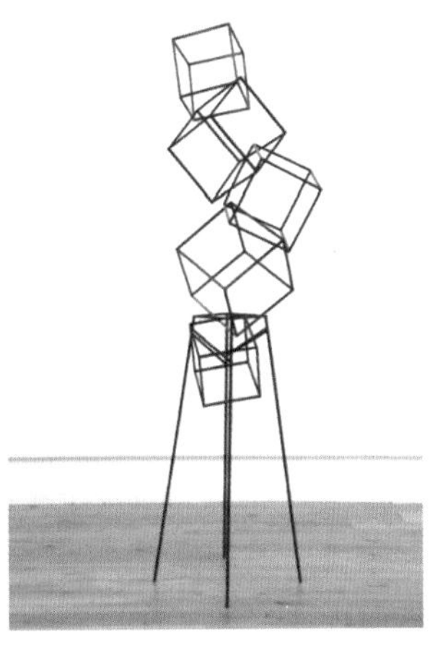

图 11.40　正方体框架组合的雕塑

图 11.41　菱形框架结构的组合

图 11.42　户外景观中三角形框架的组合

(3)桁架结构

工程上,桁架结构中的桁架指的是桁架梁,是格构化的一种梁式结构。桁架结构常用于大跨度的厂房、展览馆、体育馆和桥梁等公共建筑中。立体构成中探讨的桁架结构也可称其为三角网架结构,是指采用硬质线材组合成三角形,再以三角形为基本单位组合而成的构造(图11.43—图 11.46)。

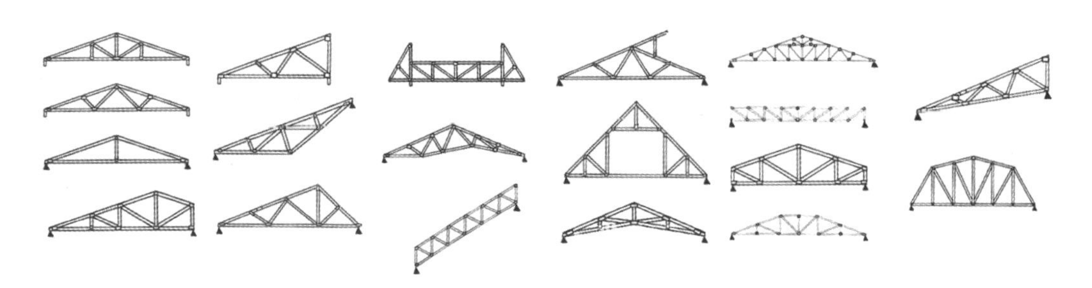

图 11.43　桁架结构

图 11.44　建筑屋顶结构

图 11.45 桥上的桁架结构

图 11.46 室内桁架结构的吊顶

2) 变化线形式载体的构成方法

线构成的形式以一种变化的状态存在，空间中的线构成在长短、粗细和形状造型上发生改变，并通过其构成单体之间的并置、对比、排列，从而产生构成的形态与节奏感（图 11.47—图 11.50）。

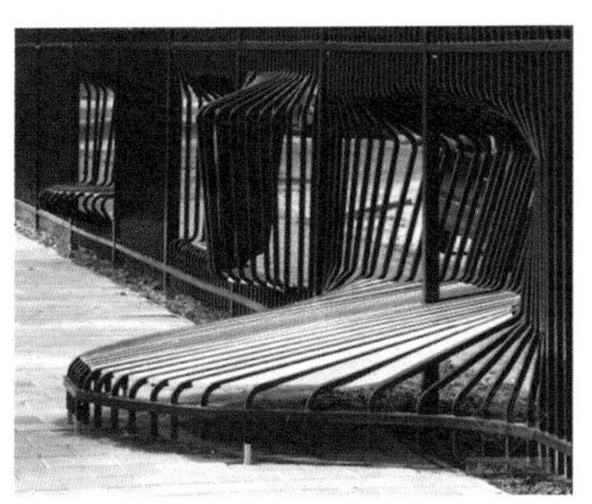

图 11.47 公园的椅子

图 11.48 公园的廊道

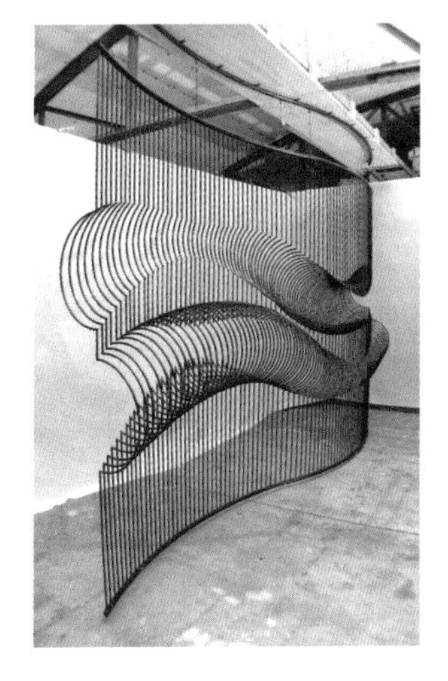

图 11.49 室内隔断

图 11.50 建筑外立面

3)同形体不同体量的线形载体构成方法

线构成形式载体的形态保持不变,但在形体重复、移动、旋转、排列的过程中,线的粗细、长短发生变化,通过有规律性的处理,构成线条之间的相对距离和位置改变,表达出线性构成形式的自身特征与韵律(图11.51—图11.54)。

使直线的两个端点沿着不在同一平面上的两条线运动,这两条线既可以是直线也可以是曲线,就可以获得各种曲面形态。

图11.51 金门大桥上的线条

图11.52 楼梯装饰中的线

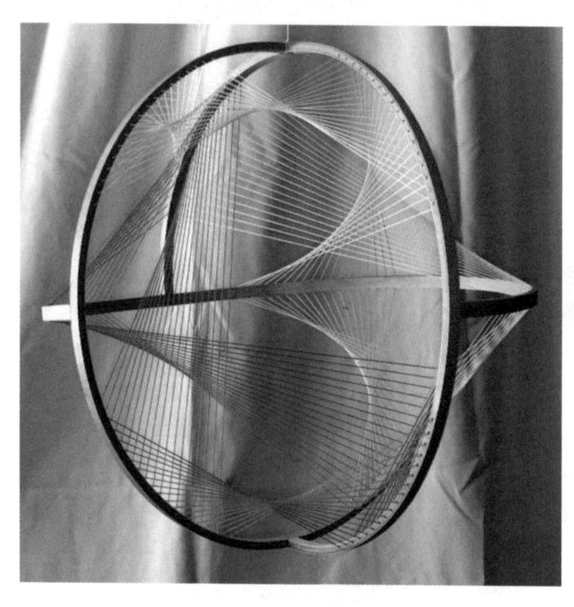

图11.53 弧线上的拉伸线

图11.54 台灯上的线

11.3　面

11.3.1　面的概念

在几何学上，面是线移动的轨迹，有长度和宽度。面给人一种张力感，这是由它的幅面特征决定的。面材构成就是以面的形式载体作为主构成的立体形态，平面造型和立体造型可以通过面形态相互转化。因为面材共有形变和延伸性两个特征，所以人们可以通过面的不同排列方式和不同组合方式来进行加工，因此面材构成是极为复杂多变的（图 11.55—图 11.58）。

图 11.55　软雕塑作品

图 11.56　墙面装饰

图 11.57　楼梯设计

图 11.58　公园长凳设计

11.3.2 面的构成形式

1）贴面浅浮雕

浅浮雕常用在壁挂、建筑墙面、贴面等装饰艺术中。观看浅浮雕作品只能用正面或侧面视角，较之圆雕，浅浮雕的体量感和空间层次感略差。浅浮雕是平面转化为立体的最基本构成训练。在练习的过程中，大多采用便于操作的材料来制作。可以利用一张纸来做这样的尝试：把一张纸任意对折多次后打开，一个浅浮雕形态就产生了。

(1)同形态模式的构成方法

通过剪切、对折、卷曲等基本制作手段，将平面载体塑造出一个空间形面，并以此为基本构成单元，通过排列、旋转、平移等手段进行半立体构成设计，从而将设计的想法及意图表达出来（图 11.59—图 11.62）。

图 11.59　墙面玻璃装饰

图 11.60　墙面金属装饰

图 11.61　纸雕塑

图 11.62　类似纸质材质的装饰

(2)不同形态模式的构成方法

构成浅浮雕形态的个体面形态样式各自保持自己的形状,但是彼此之间相互联系,达成一种内在的协调与秩序。各构成要素相互联系,并通过并置、对比产生半立体构成所独有的韵律与节奏感(图 11.63—图 11.66)。

图 11.63 墙面装饰

图 11.64 橱窗装饰设计

图 11.65 纸片拼贴装饰

图 11.66 墙面浮雕

2) 同一面构成形式载体的方法

该构成方法即为面形式的单元以一种固定的形态存在,并以此基本单元进行重复,通过相同面的偏移、旋转、穿插、起伏、间隔排列等手法,对立体构成的形态进行表达。以此原则为指导,同一面构成形式的表达方式包括垒叠构成、旋转排列、间隔排列和穿插排列等(图 11.67—图 11.71)。

图 11.67 平行排列　图 11.68 旋转排列　图 11.69 间隔排列

图 11.70 穿插排列

图 11.71 起伏排列

3)变化面构成形式载体的方法

在构成形式上,面构成的形式单元在构成的过程中以一种变化的状态存在。以此原则为指导,变化面构成形式的表达方式包括解构重组、面的排列、面的折切、形体渐变、面弯曲与空间合围(图 11.72—图 11.79)。

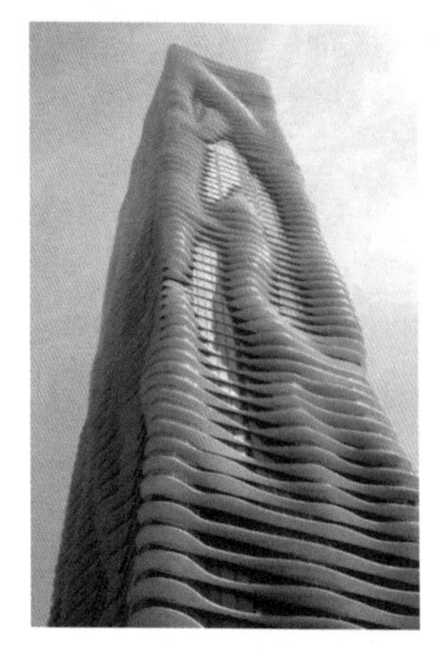

图 11.72 建筑外墙面的平行排列

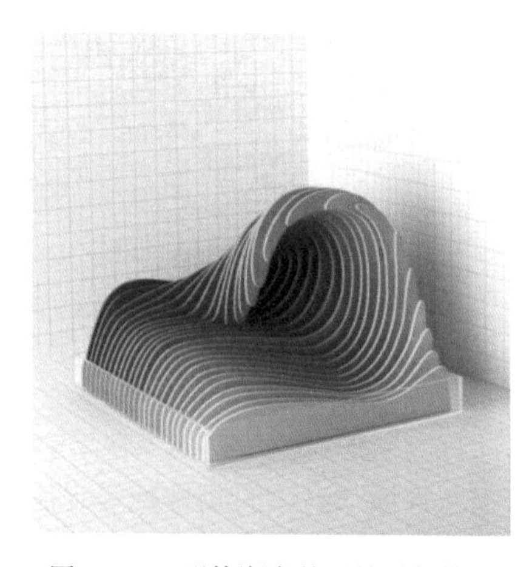

图 11.73 形体渐变的面的平行排列

图 11.74　面的折切

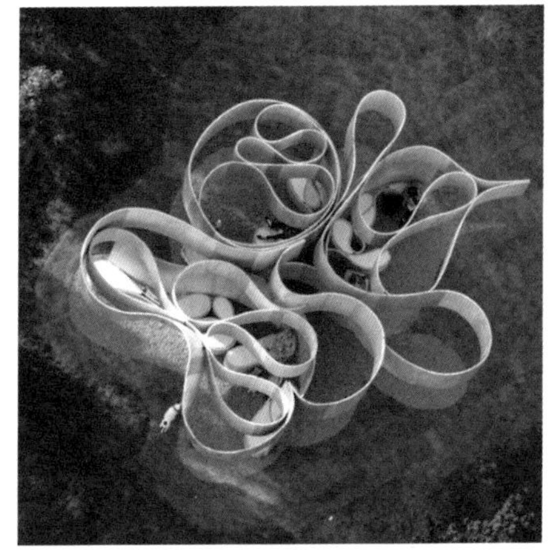

图 11.75　面的围合

图 11.76　面的弯曲

图 11.77　面的渐变排列

图 11.78　面的形体渐变

图 11.79　面的解构重组

4)同形态不同体量的面构成形式载体的方法

同形态但不同体量的面作为单体置于同一立体空间当中,通过大小、长短等的对比,使得形体富有动感和变化。还可以通过偏移、间隔排列、穿插、旋转等手法来表达形体状态(图11.80—图11.83)。

图11.80　异形面的排列

图11.81　圆筒形面的构成

图11.82　长方形面的构成

图11.83　卷状面的构成

11.4　体

11.4.1　体的概念

体块是立体构成中基本的构成元素，在空间中占据长度、宽度、厚度三维。与线材和面材相比，块不具有线和面的轻巧、锐利、方向感和张力感，块能表现出稳重、力量、厚实。块体是人们日常生活中常见的造型之一，在实际设计中，经常以两种方式进行构成设计，其主要方式是解构、重构和积聚。在设计体块构成时要把握住块体造型的基本规律和特点，配合形体块面之间的对比变化与统一，并且结合造型的规律，以创造出理想的空间形态（图11.84—图11.87）。

图11.84　加拿大栖息地67住宅区

图11.85　体块的解构设计

图11.86　体块的堆集

图11.87　城市景观雕塑

11.4.2 体的构成形式

1) 同形体的规律性排列组合变化

参与块体构成的基本单元具有相同的形体,各块体单元之间依据相关的构成原则进行排列与组合,主要有重复排列、间隔排列、形体旋转、形体穿插等(图 11.88—图 11.91)。

图 11.88 体块的重复排列

图 11.89 体块的错位平移排列

图 11.90 体块的旋转排列

图 11.91 体块的形体穿插

2) 块体元素的分散与重组

这种构成方式是将一个完整的块形体通过设计构思,进行局部或者整体的切割,然后再将分割部分的体块进行重新组合,从而制作出这一类型的形体构成形式,可以分为几何式切割和自由式切割(图 11.92—图 11.95)。

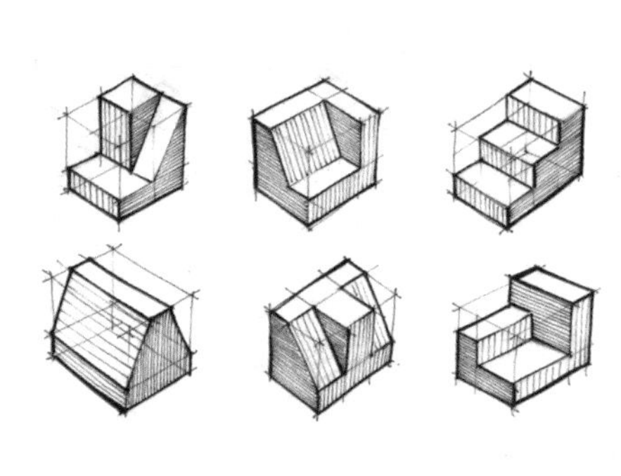

图 11.92　体块的几何切割

图 11.93　二维码立体设计

图 11.94　体块的自由切割

图 11.95　混凝土块雕塑

3)不同体元素的构成排列

不同形状的块体单元,彼此之间通过不同的方式拼接组合,并形成新的块体的形式表达。比如渐变、相似、异形、对比等,各块体单元之间可以存在体量大小的变化以及形体上的差异(图 11.96—图 11.99)。

图 11.96　体块的渐变旋转构成

图 11.97　相似体块构成

图 11.98　解构主义建筑中的体块构成

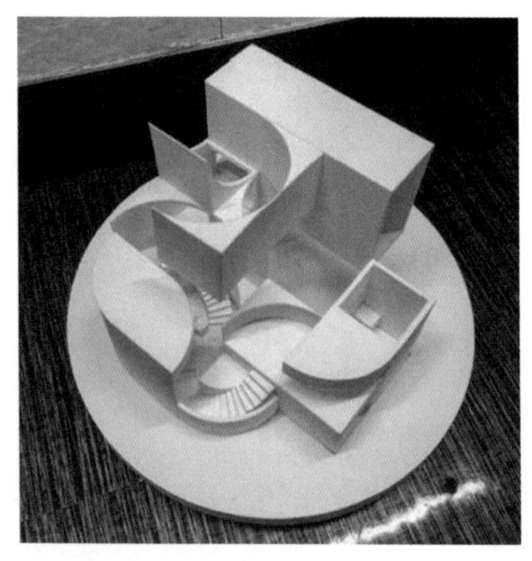

图 11.99　异形体块构成

11.5　空间

11.5.1　空间的概念

形与形之间所包围的部分形成空间的形，形态与空间两者是互为表里、密不可分的。实体形态比较容易理解，空间从字面上的意思，“空”有虚无、空旷、向四面八方扩展并容纳其他元素的意思。从“间”字可看出“门”中间有一个“日”，若日代表阳光，从字形上看就犹如两扇门之间透进了阳光。对于空间及物质之间的这种辩证关系，老子曾在道德经做过论述：“埏埴以为器，当其无，有器之用。凿户牖以为室，当其无，有室之用。故有之以为利，无之以为用。”这句话形象地解释了空间的概念和作用。“埏埴以为器，当其无，有器之用”是指泥制作的陶器，有了器具中间这样一个空心的地方，才发挥了这个器皿的作用。“凿户牖以为室，当其无，有室之用”开凿门窗建造房屋，有了门窗四壁内部形成的这样一个虚空间，才有了房屋的作用。“故有之以为利，无之以为用”指的是“有”可带给人们便利，“无”才是真正发挥了其本身的作用。老子论述了有和无，实在之物和空虚部分之间的相互关系，非常形象地说明了无形的空间本身能够产生很大的作用，但是人们在使用这些实体物的时候，一般不会察觉到。而他用这样一句话，将空间的作用给显现出来。

那么回到立体构成所学的内容，空间的构成就是用一种有形的物质去创造一种无形的空间的设计过程。有形的物质使无形的空间能够被观者所感知到。而无形的空间也赋予了有形的物质以实际的意义。没有了空间的存在，物质当然也就失去了它的价值（图 11.100、图 11.101）。

图 11.100　立方体中的圆形空间

图 11.101　从壤面延伸的空间

11.5.2　空间形式

1）间隔空间

如果造型与造型相邻，夹杂其中的空的部分会使观者感觉到空间的形成。这种半围合的空间会使人感觉到生动，合理地利用这种空间造型可以使设计更生动有趣（图 11.102—图 11.105）。

图 11.102　半围合的空间

图 11.103　间隔围合的空间

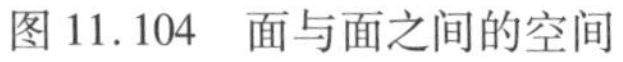

图 11.104　面与面之间的空间

图 11.105　间隔圆形形成的空间

2) 透明

透明是塑造空间的有效手段。所谓透明,就是看某个造型的同时,可以通过它看到背后的形体。这样的情况又分为全透明和半透明。透明空间的塑造涉及的材料非常多,有玻璃、塑料、亚克力、薄膜、硫酸纸等(图 11.106—图 11.108)。

图 11.106　透明立方体

图 11.107　透明平面的空间延伸

图 11.108 透明玻璃围合的空间

11.6 点、线、面、体在风景园林中的运用

在景观设计中,点、线、面、体、空间等构成要素共同组成了丰富的园林景观,植物、水体、构筑物、铺装等都会运用到上述基本构成要素。每一个基本要素的应用都是园林植物景观美学设计是否成功的一个关键因素。而将这些要素综合运用起来,以巧妙的方式进行整合,会得到多彩多样的视觉效果,从而营造不同效果的整体氛围。

园林中的点可以是铺装上的小石块,不仅有大小、平面与立体的差异,还有色彩与质感的区别。运用点的集聚也能够塑造成各类形状。任何形状的物体在特定的空间中都可以理解为点,点在环境中的优点在于集中,容易引起观者的注意[图 11.109(a)、(b)]。

在现代园林设计中,线型景观要素不仅有长度、粗细、材质、颜色的不同,更有位置、方向的不同。线比点更具有方向感,没有线就没有景观中的形态结构。利用立体构成中线的排列形式也可以设计出形态各异的景观造型[图 11.109(c)、(d)]。

在景观设计中,利用面的起伏、面的排列、面的插接等方式组合成的面的立体构成形式也是非常重要的一种设计手段。面常用于铺装、绿地草坪、景观廊道、景观雕塑等设计中[图 11.109(e)—(h)]。

块的形式在景观设计中表现多样,一切具有体积感的物体都可以被看作体块,包括大小不同的石块、植物塑造的体块、树干、水景等。体块的相互组合,堆积或排列穿插都可以创造出丰富的园林景观造型[图 11.109(i)—(l)]。

(a) (b) (c) (d) (e) (f)

(g)　(h)

(i)　(j)

(k)　(l)

图 11.109　点、线、面、体在园林中的运用

课程作业

题目: 寻找校园中的点、线、面、体、空间元素的组合

要求: 通过实地观察和感受,将具体实物还原成"点、线、面、体"空间要素,能够做到理性地解读空间,充分理解空间营造手法,正确感知校园空间尺度。自己构图取景,构图均衡美观,拍摄图片不少于50张,以PPT展示。

12 立体构成的美学要素

立体造型设计是艺术设计,是一项创造美的工作。美是有规律可循的,这种美的规律就是形式美法则。形式美法则是一切创造性的艺术活动在造型时所必须遵循的原则。在自然界中人们也容易感受到形式美的魅力。如果用显微镜去观察雪花的六角形结晶状,会惊奇地发现它的结构是多么的精巧。雪花的对称结构是自然界和谐统一的表现。自然界中的物质运动和结构形态充满了比例、均衡、对称、对比和节奏(图 12.1—图 12.6)。

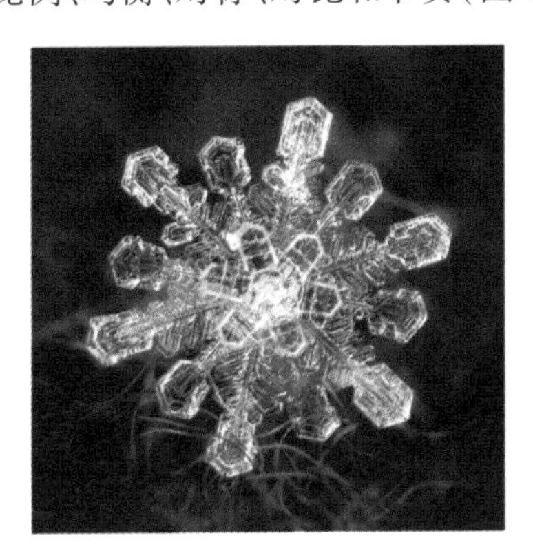

图 12.1　雪花的形态

图 12.2　蜂巢的形态

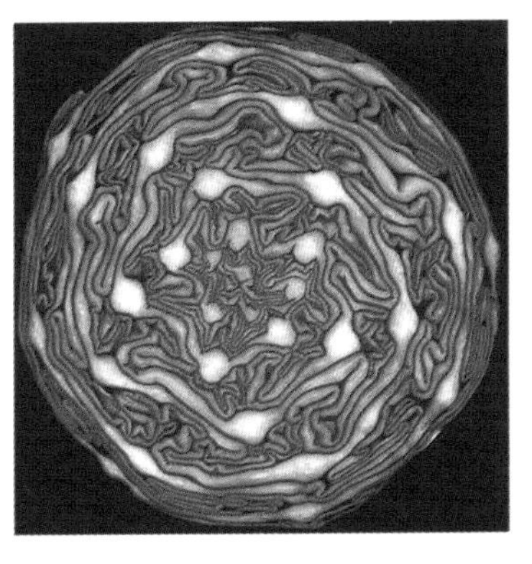

图 12.3　紫甘蓝横截面

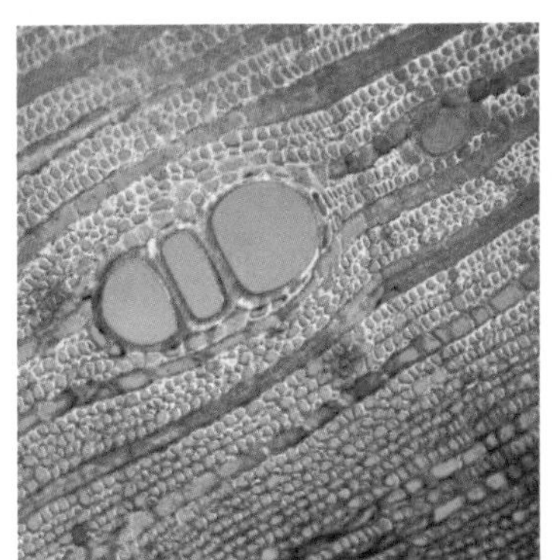

图 12.4　植物细胞

图 12.5　水星的表面

图 12.6　自然界中绚丽的山

任何审美活动都离不开感性形式,这些感性形式是由点、线、面、体、质地和色彩等元素组合的复合体,是一种在空间和时间中可以直观感受的物质存在。形式感构成了人的审美感受的基础,它是人的审美活动的重要心理条件。因此,了解形式感的形成原理是认识形式美感的本质和前提(图 12.7—图 12.10)。

图 12.7　凡·高油画作品《星空》

图 12.8　米罗的艺术作品

图 12.9　中国古典园林

图 12.10　敦煌壁画

12.1　比例与尺度

比例构成了事物之间,以及事物整体与局部、局部与局部之间的均衡关系。比例的选择取决于尺度和结构等多种因素,世界上没有独一无二或者一成不变的最佳比例关系。尺度则是一种衡量的标准,人体尺度作为一种参照标准,反映了事物与人的协调关系,涉及对人的生理和心理适应性。

古希腊数学家毕达哥拉斯首先发现了黄金分割的比例中项,其后欧几里得提出了黄金分割的几何作图法。13 世纪,意大利数学家斐波那契还发现具有黄金分割比例的整数序列:8、13、21、34、55、89、144。比例在立体构成中体现为形态的大小、长短、距离、粗细等数和量的关系,恰当的比例关系可以体现形态有规律的美(图 12.11—图 12.14)。

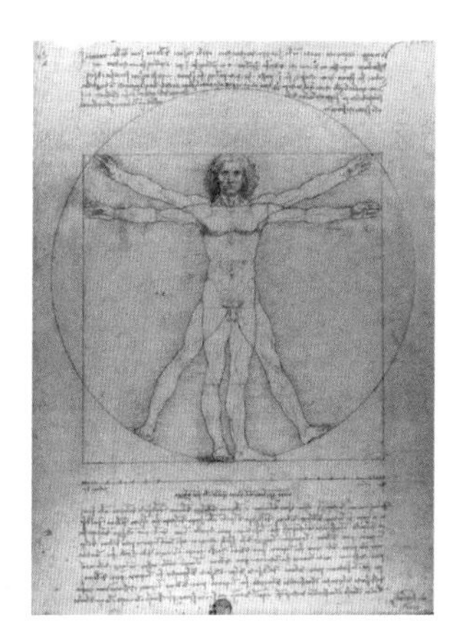

图 12.11　维特鲁威人

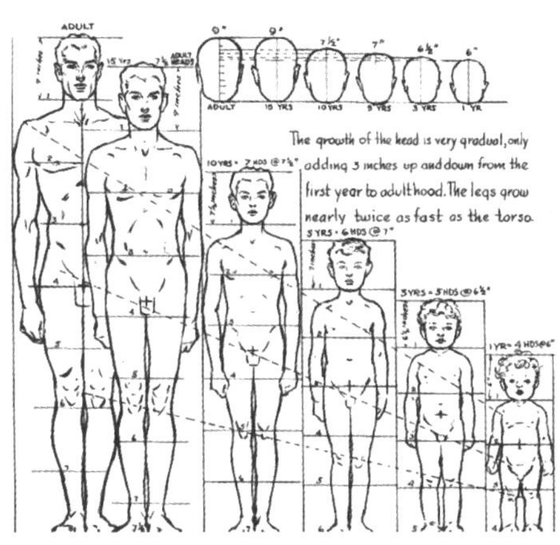

图 12.12　人体的比例关系

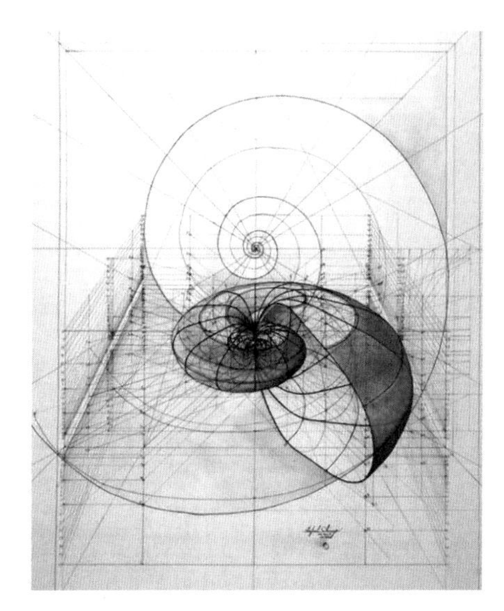

图 12.13　自然界中完美的比例

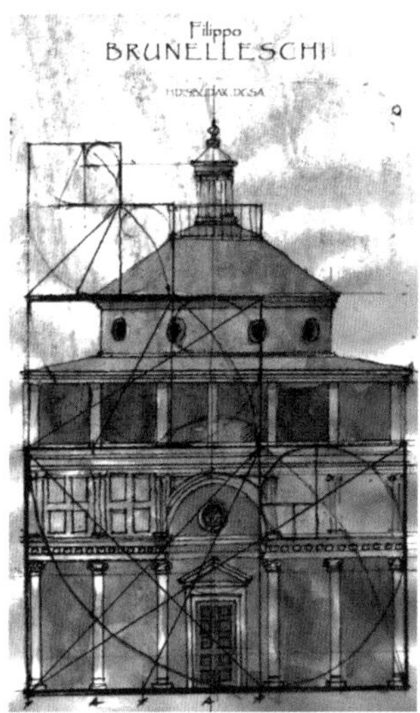

图 12.14　建筑中的黄金分割

12.2 节奏与韵律

节奏是事物在运动中形成的周期性连续过程,它是一种有规则的重复,产生次序感。韵律原指音乐(诗歌)的声韵和节奏。诗歌中音的高低、轻重、长短的组合,匀称的间歇或停顿,相同音色的反复,以及句末、行末利用同韵同调的音相加强诗歌的音乐性和节奏感,就是韵律的运用。

立体构成中基本形在形状、色彩、质地与肌理、光影与距离、方向等方面,按一定秩序进行重复、渐变、交错等处理,获得有秩序、规律性的变化,使人感受到一种动态的连续性,这便是空间性节奏(图 12.15、图 12.16)。

图 12.15　树木高低大小错落形成的节奏

图 12.16　线条疏密变化形成的节奏

12.2.1 重复韵律

重复韵律是指基本形按照一定规律重复或间隔发展变化形成的韵律感,主要有形态重复、色彩重复、肌理重复等。重复韵律给观者带来连贯性和加强的视觉效果(图 12.17、图 12.18)。

图 12.17　建筑外立面上重复的线条

图 12.18　景观中重复的三角形

12.2.2　渐变韵律

渐变韵律是指基本形有规律地渐次发展变化形成的韵律感，主要有形态渐变、形体大小渐变、方向位置渐变、色彩渐变等。渐变能产生柔和、轻快、强烈的韵律感受（图12.19、图12.20）。

图12.19　形态渐变和形体大小渐变

图12.20　多层渐变的排列

12.2.3　交错韵律

交错韵律指基本形按照一定规律进行有条理的错位、旋转等变化形成的韵律感，能产生生动活泼的视觉效果（图12.21、图12.22）。

图12.21　立方体的交错

图12.22　长方体的扭曲

12.2.4 起伏韵律

起伏韵律指基本形做不同缓急的大小、长短、高低起伏的变化，具有一种波澜起伏的韵律感（图 12.23、图 12.24）。

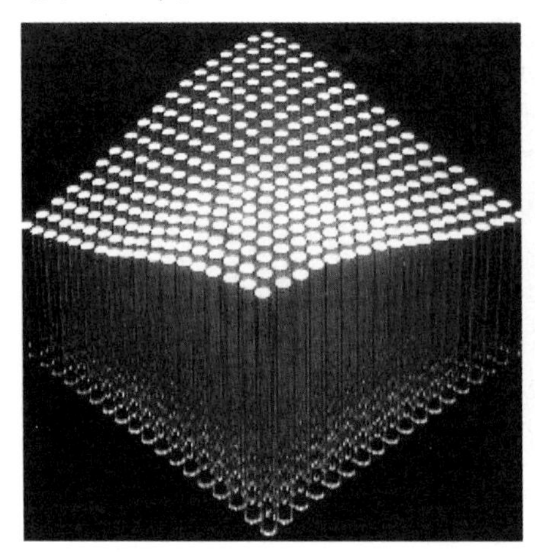

图 12.23 圆柱体的高低起伏

图 12.24 建筑表面的起伏

12.3 对称与均衡

对称是事物的结构性原理，从自然到人工事物都存在某种对称性关系。对称是一种变换中的不变性，它使事物在空间坐标和方位的变化中保持某种不变的性质。对称是由对称点两侧形成的形或量完全相等的对应关系。比如人的身体是一种左右对称，而人在照镜子的时候形成反射对称；一个圆是以一定半径旋转而构成了旋转对称；此外，还可以通过平移等方法形成不同类型的对称。左右对称给观者以庄重、稳定、平和之感，故宫、泰姬陵的布局就是典型的左右对称（图 12.25、图 12.26）。均衡是各造型要素不等形但在相互调节下能使观者产生心理上均等和安定的现象。

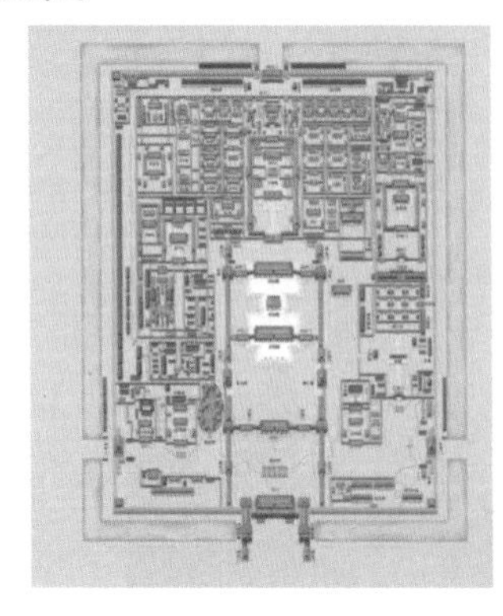

图 12.25 对称的故宫平面图

图 12.26 对称的泰姬陵

均衡是两个以上要素之间构成的均势状态或称平衡状态，如在大小、轻重、明暗、质感之间找到平衡感。它强化了事物的整体统一性和稳定感（图12.27—图12.29）。

图12.27　不对称但平衡的建筑

图12.28　动态的均衡

图12.29　运动中的均衡

12.4　对比与统一

对比是对事物之间差异性的表现和不同性质之间的对照，通过不同色彩、质感、明暗和肌理的比较产生鲜明和生动的效果，并形成整体中的焦点。对比容易引起观者的兴奋和注意（图12.30、图12.31）。

图12.30　色彩对比强烈的艺术作品整体上又是统一的

图 12.31 黑白明暗对比的整体上统一的画面

统一是指在不同事物中，强调其共同性、近似性的因素，通过过渡、中和，使双方或多方彼此接近，达到和谐的效果。它能使主题更加鲜明，视觉效果更加活跃（图 12.32、图 12.33）。

图 12.32 色调的统一

图 12.33 线条的对比和整体的统一

对比与统一看似一对矛盾的形式又是现代艺术设计中最重要的因素之一。一个优秀的设计作品既要有不同性质的对比效果，如色彩对比、形体对比、材质对比、光影对比等要素，还要具备统一的要素，也就是要把各类要素统一起来，形成一个完整有机的整体，这是难点也是重点（图 12.34、图 12.35）。

图 12.34 形状的对比与整体的统一

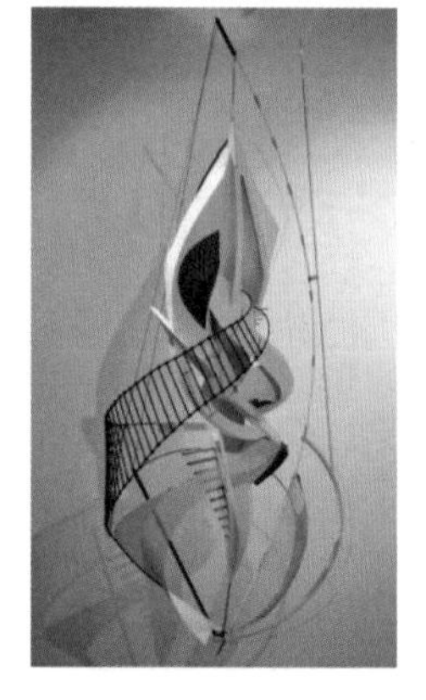

图 12.35 材质形式的对比与整体的统一

12.5　园林景观中的美学要素

园林景观设计不仅是公共环境艺术,它更是一门美学艺术,能给观者以美的享受。在园林景观设计中,其功能性必然很重要,但其形式美感也是非常重要的。因此设计师应该将形式美法则灵活运用到现代园林景观设计中,从而创造出优秀的园林艺术作品。

园林景观是多种要素组成的空间艺术,要创造出优美的景观艺术作品就不得不使用到艺术创作的一般规律——形式美法则。在景观设计中对比与统一原则是首要原则。“对比”指的是组成景观的各个部分形成要素的差异,有材质差异如植物、花卉、水体、铺装,形式差异如大小、方圆、高低、长短等。“统一”指的是使这种差异性协调一致,即这些对立的因素统一在具体事物上形成了和谐的整体。对比与统一规律的应用,既带来丰富的变化又构成有次序的整体。

在园林景观设计中的节奏是有规律的重复。它通过园林景观中的各种构成元素大小、长短、高低、疏密等关系的变化可以产生律动,形成美感。节奏与韵律是园林设计中不可缺少的设计法则。

对称与均衡是生活中最常见的一种视觉表达形式,其在景观设计中的运用至关重要。对称能使整个空间环境在视觉上有更加舒适、安定、整齐的美感。西方园林和中国古代皇家园林多以对称布局。现代园林设计更倾向于使用均衡的手法营造出生动、活泼的形象,打破固定布局产生自然、随性的感觉(图 12.36)。

(a)

(b)

(c) (d)

(e) (f)

图 12.36　景观设计中的形式美感

课程作业

题目:利用形式美法则寻找设计中的美学要素,设计作品中的形式美感

要求:以一个景观设计为例,举例分析其使用的设计手法,作品中运用了哪些形式美法则作为手段来设计。

13 材料与技术

立体构成的最终结果是由材料来体现的,因此对于材料的选择尤为重要。在设计研究过程中应掌握材料的材质特性与形态特征,因材施用、扬长避短。就造型艺术而言,材料不仅是媒介,也是一种形式与手段。以前的制作方法,大多先完成造型计划,然后再选择适合造型的材料;而现在则与此相反,多是先从材料入手。因此学习立体构成就要多了解各种材料的性能和特点,并且尝试用到设计中。

材料对立体构成至关重要,材料决定了立体构成的形态、颜色、质感、肌理等要素。大自然提供了极其丰富的物质材料,随着科学技术的进步,性能优异的人工材料也不断出现。在立体构成练习中,通常这两种材料都会使用到(图 13.1、图 13.2)。

图 13.1　石材、纤维等

图 13.2　木材、金属、陶瓷等

13.1 材料的分类

13.1.1 天然材料

天然材料是指没有经过人为加工，自然界本来存在的材料，如木材、竹材、石材、泥土、植物、羽毛、棉花等。这类材料的特点是质朴自然、环保生态、花纹美丽、色彩雅致(图13.3—图13.6)。

图13.3 原木

图13.4 棉花

图13.5 料石

图13.6 竹材

13.1.2 人工材料

人工材料分为两大类。第一类是原料取自大自然，经过人类的加工或提炼得到的材料，如纸张、金属、丝绸、天然纤维等；另一种是人工合成材料，如化学纤维、塑料、橡胶、合金等。这些新型材料的发明和应用给设计行业带来了革命性的变化，拓展了立体构成表现内容和表达方式(图13.7—图13.14)。

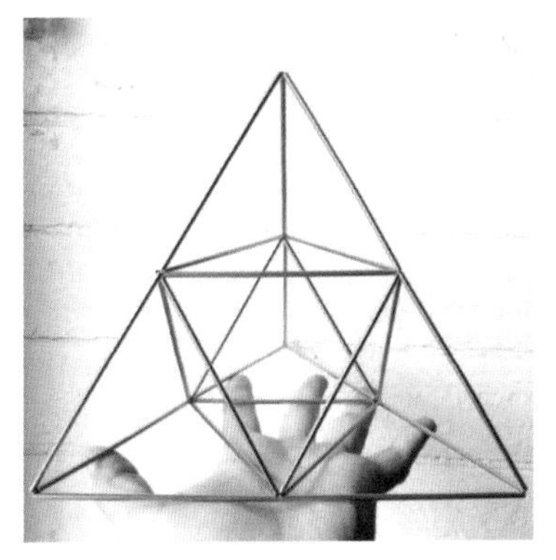

图 13.7 金属

图 13.8 丝绸

图 13.9 纸

图 13.10 棉纤维

图 13.11 化学纤维

图 13.12 塑料

图 13.13 橡胶

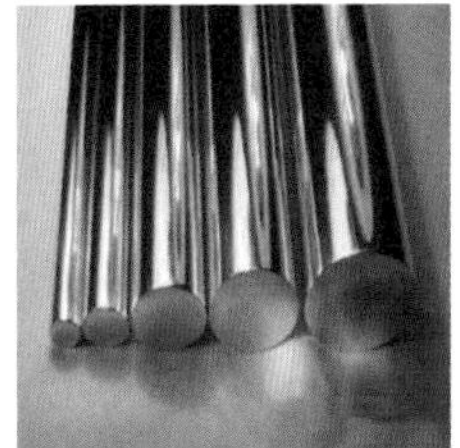

图 13.14 合金

13.1.3 点状材料

点状材料有很多,在一定的比例尺度上只要是在视觉上形成点的材料都可以称为点状材料,如沙粒、米粒、小石子、珍珠、豌豆、纽扣等颗粒状的物品(图 13.15—图 13.18)。

图 13.15 米粒

图 13.16 珍珠

图 13.17 豆类

图 13.18 小石子

13.1.4 线材

线材大致可以分为硬质和软质两大类，如木棍、塑料棒、玻璃棒等，以及金属丝、线绳等（图13.19、图13.20）。

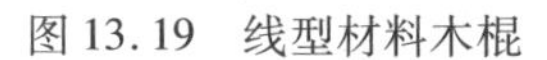

图13.19 线型材料木棍

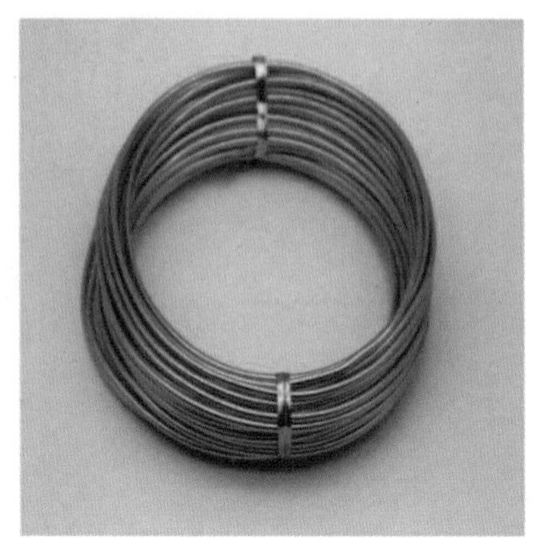

图13.20 线型材料金属丝

13.1.5 面材

面材相互排列或者插接能围合空间、分割空间。面材的种类也很多，如胶合板、纸板、亚克力板、玻璃等（图13.21—图13.24）。

图13.21 面型材料胶合板

图13.22 面型材料瓦楞纸

图13.23 面型材料亚克力

图13.24 面型材料卡纸

13.1.6　体块材料

与一般较薄的面状板材相比，体块材料视觉上相对来说要厚实一些，且占有一定空间，有明显的体量感，如砖块、木方、球等。区别二者的关键是看材料的长宽与厚度的比例差异，相对较厚的为体块材料，较薄的为面材（图 13.25、图 13.26）。

图 13.25　球形材料乒乓球

图 13.26　体块材料鹅卵石

除了研究材料本身以外，对材料加工手段（工具、结构）的研究也非常重要。材料要求一定的加工手段与之配合，加工手段又决定加工样式。

13.2　材料的特性

材料的特性会直接影响作品的视觉、触觉感受，在选择材料时，要考虑它的表面肌理、内在特性以及象征意义这三种因素。在立体空间构成中，不同的材料特性能表现不同的形式语言、设计理念和心理感受。表面肌理是材料的外貌，主要表达其构成形态的视觉、触觉；内在特性是不同的材料在心理上给观者的直观感受；材料的象征意义是艺术家或者设计师赋予材料的情感，让观者达到共情的感受。

木材：温和、亲近、轻便、自然、舒适；
钢铁：理性、冰冷、深重、锋利、现代；
石材：永恒、坚硬、浑厚、牢固、彰显；
塑料：随意、轻巧、便利、透明、细腻；
金银：华贵、明耀、辉煌、光亮；
玻璃：明澈、脆弱、通透、开放；
纸张：柔弱、古朴、经济、方便；
纺织物：亲切、温暖、柔软、下垂。

13.2.1　木材

木材是比较容易加工的材料，它具有质地偏软、质量较轻、强度较高、有较好的弹性和韧性等易加工的性质。木材美丽的自然纹理、柔和温暖的观感和触感是其他材料无法替代的。不过，由于木材是有机体，因此有扭曲、开裂、变形的缺点。一般在立体构成中理想的木质材料是木节少、纹理平直、成本低廉并且比较容易加工的木材，如椴木、云杉木、柏松木、杨木等（图13.27、图13.28）。

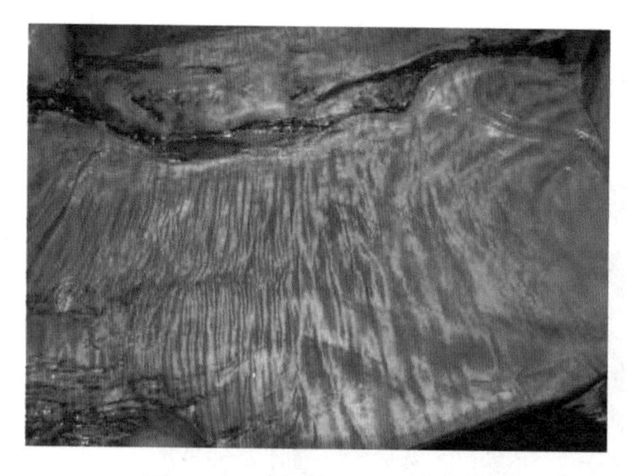
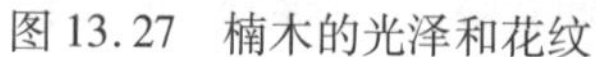
图13.27　楠木的光泽和花纹

图13.28　木材开裂

木材常用的加工方法有锯割、刨削、结合、弯曲、雕刻等（图13.29—图13.32）。

锯割：利用木材表面特点进行加工。一般木材被切割后表面粗糙给观者质地疏松的视觉效果。

刨削：是对木材表面进行加工的方法，即利用锋利的金属刀具切割木材表面，使木材表面变得光滑平整。木材经刨削后给观者整洁、结实、轻快的感受，并且还能更好地把木材的纹理表现清楚。

结合：木材的传统结合方式是榫接和嵌合。这些结合方式坚固自然，主要利用木材自身的可切削特征，在传统的建筑、家具中运用很广。随着现代科技的发展，结合方式也出现了金属的栓接、钉合，化学材料粘接等。

弯曲：木材有一定的可塑性和韧性，把木材切割成片状或者条状，再通过烘、蒸等方式加以软化处理，就可以进行弯曲加工，最后根据设计需要定型。

雕刻：有圆雕、浮雕、透雕之分，是根据木材的物理特性用各种工具改变木材的形状或者对木材表面挖切，产生的立体装饰图形。

图13.29　木材的榫卯结合

图13.30　木材的锯切

图 13.31 木弯曲工艺

图 13.32 木材雕刻

13.2.2 金属

金属是最重要的材料之一,其具有许多其他材料不具备的特征,而且能够被大规模地生产。在造型领域里,金属造型的形式最具变化,这是因为金属本身的种类繁多,加工技术也多种多样。

金属的材料特性:质量较重,可在高温中融化,是电与热的良好导体;有光泽、有磁性、耐腐蚀;具有延展性,可弯曲、可剪切。

立体构成可以使用的金属材料有很多,如铜、铁、铝、金、银等,还有两种以上金属的合金。金属材质给人一种现代感、未来感,金属所塑造的造型展现出力量、速度、冷峻的意味(图13.33—图13.36)。

图 13.33 不锈钢

图 13.34 铝合金装饰板

图 13.35　打孔金属板外立面装饰

图 13.36　金属椅

13.2.3　塑料

塑料也是如今人们生活中经常看到和使用的材料,塑性能力比较强,价格低廉,因此在很多行业得到广泛应用。某些塑料还具有良好的稳定性和延展性,对立体构成的造型表现具有意想不到的效果(图 13.37—图 13.40)。

图 13.37　杰夫昆斯雕塑

图 13.38　半透明塑料

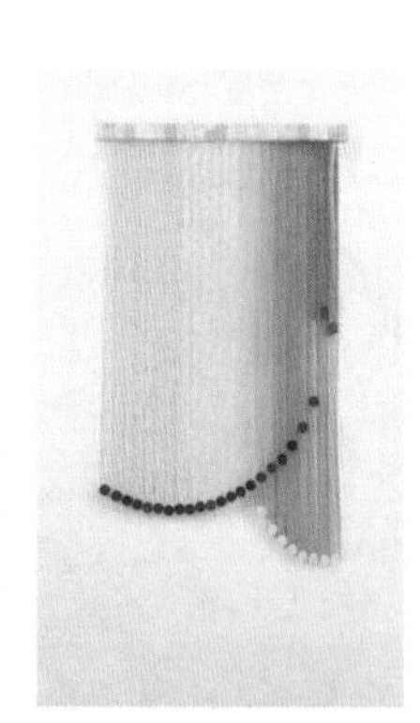

图 13.39　塑料吸管

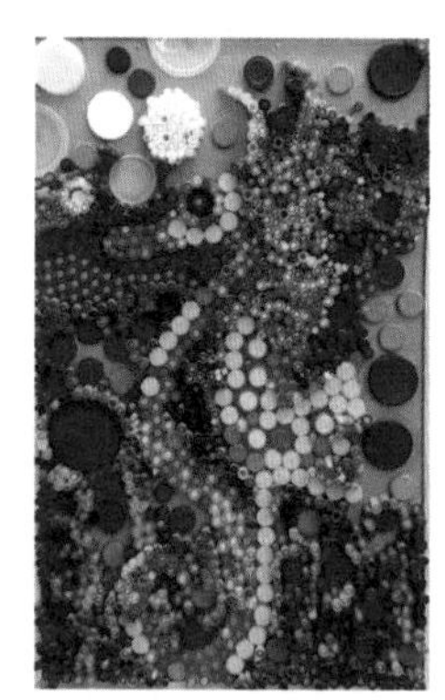

图 13.40　彩色塑料装饰

塑料的材料特性:耐化学侵蚀;可具光泽,部分透明或半透明,容易着色;大部分为良好绝缘体;质量轻且坚固,部分耐高温;加工容易,可大量生产,价格便宜;用途广泛、效用多。

虽然塑料的种类繁多,但是本书仅针对最具有造型性的丙烯酸塑料(亚克力),探讨其造型的可能性。因为丙烯酸塑料拥有和玻璃一样的透光性,又比玻璃更容易加工,价格更低廉,所以适合用在立体构成的造型中(图 13.41—图 13.44)。

图 13.41　透明亚克力

图 13.42　覆膜亚克力

图 13.43　彩色亚克力

图 13.44　亚克力立方体

丙烯酸塑料具有 93% 以上的透光率，无透光形变，表面如镜面般光滑，如水晶般晶莹剔透，所以又被称为“塑料女王”。其强度是玻璃的 15 倍，而且破碎时碎片不会飞散。此外，丙烯酸塑料加工更为容易，有无限造型可能性。目前这种透明塑料深受人们的关注，在立体构成中使用既可以达到玻璃的透明效果又能够轻易地弯曲与剪裁，营造非常丰富的艺术效果。

13.2.4　纸

纸在三维造型领域被广泛应用。纸具有可塑性好、易定型、切割方便等特性。同时，纸材料种类繁多、价格便宜，对加工工具要求简单。如薄而坚韧的纸易于整形；轻薄的纸具有柔和透光的效果，在古代多被用作灯笼和窗户的材料。

在立体造型领域中，纸的加工方法很丰富，切、剪、刮、撕、磨、弯曲、卷曲、折、搓、压、烧等。

图 13.45　撕纸雕塑

图 13.46　纸的折叠造型

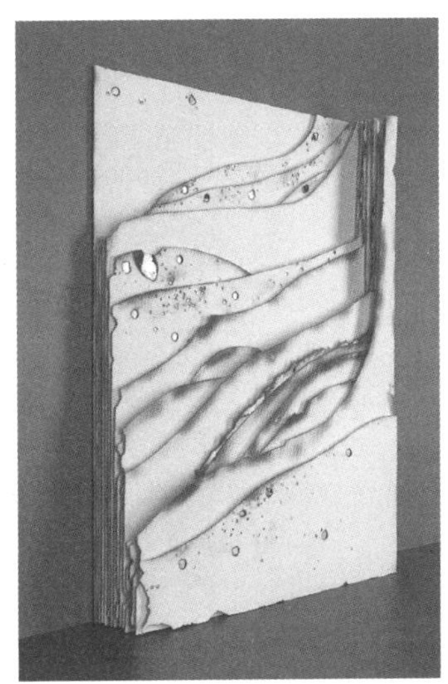

图 13.47　烧纸效果造型

图 13.48　纸的卷曲造型

图 13.49　剪切纸的造型

图 13.50　多层纸的层叠

13.2.5　石材

石材品种繁多，根据来源可分为天然石材和人造石材两大类。园林景观常用的天然石材有大理石、花岗石、砂岩、板岩、石灰岩等。人造石按工艺分为水磨石和合成石。水磨石是将碎石、玻璃、石英石等骨料拌入水泥粘接料制成混凝制品后经表面研磨、抛光而成；合成石是以天然石的碎石为原料，加上黏合剂等经加压、抛光而成。

石材一直是建筑装饰中最常用的材料之一，石材的组成成分会影响材料的色泽、质地、强度，所以不同石材的物理特性会有所差异。但石材总体上让观者感到坚硬、沉重、光滑、冰冷。

石材的加工手段不同也会产生不同的视觉和心理效能，经敲凿过的石材更显得粗犷、浑厚；打磨后的石材呈现精细、光洁、温润之美，更加清晰凸显出石材天然花纹的美感（图 13.51—图 13.54）。

图 13.51　碎石块构成的雕塑

图 13.52　景观中的石块应用

图 13.53　景观中的石材立方体构成

图 13.54　应用石材的雕塑

13.2.6　光和影

造型作品的材料通常是在三维空间中占有一定体积的材料，有硬度或者质量等物理性质。光影没有硬度和质量，也没有其他材料具有的力学性质，但是在形和色方面和其他的造型要素相同。因此，作为造型的元素光和影也应该是一种重要的材料。

光的造型魅力在于可以制造出“映像”之类性质极为特殊的造型。光还可以改变造型的大小和形状的视觉效果，光和影的魅力在于其色彩的美丽以及不可思议的造型表现。巧妙地利用光影能使立体构成作品增添更多的活力和趣味（图 13.55—图 13.58）。

图 13.55　建筑光影效果

图 13.56　室内灯光空间

图 13.57　透光天棚空间营造

图 13.58　镂空结构台灯设计

13.3　园林景观设计中的材料应用

在传统园林设计中材料作为重要元素,大多以植物、砂石、木材、竹材、水体等自然材料为主。随着艺术与科学技术的发展,原有的材料已经不能满足设计师和大众的需求,因此出现了越来越多的现代化新材料,如玻璃、金属、水泥、塑料和各种复合材料等(图 13.59)。

天然材料竹材与木材不仅更贴近自然,而且可以就地取材,成本低廉,是环保的绿色可持续景观材料。无论是应用于景观雕塑还是应用于艺术装置,竹子和木材都体现着无法替代的价值和超高的艺术性。并且这类材料具有相当高的韧性和强度,是抗震性能突出的材料之一[图 13.59(a)、(b)]。

混凝土具有冷淡和厚实的肌理感。正是这样的特性,把混凝土作为景观材料时,会有一种独特的美。混凝土应用于景观材料有着一次性成型、维护简单、造价较低的特点,其多变的可塑性是其他材料所不具备的。现在还有技术成熟的彩色透水透光混凝土,能够给沉闷的混凝土地面、墙面等带来全新的体验,也能够给设计师提供更多可发挥的空间[图 13.59(c)、(d)]。

金属有很多优秀的物理和化学性质,如抗拉伸、强度大、易延展、易塑型、可焊接、耐腐蚀,施工方便且不需要特殊维护。金属有良好的表面工艺性,抛光的金属表面有很好的光泽,能反射出环境的景象,能更好地融入环境中。光线穿过打孔的金属,在夜间观赏有非常独特的艺术效果。景观中的这些具有光影变化的装置能激发人与人、人与自然的互动[图 13.59(e)、(f)]。

对于景观设计来说,灯光是营造环境的重要组成部分,其本身有强烈的独特性,难以被其他材料代替。其主要的功能在于让城市园林在夜晚也能展示出独特的艺术感,呈现出不同于白天的艺术魅力。为了满足人们对园林景观夜景的需求,灯光照明设计需要具备观赏性和实用性。将大自然和灯光融合在一起,在感受自然的同时也能体会到灯光独特的艺术氛围[图 13.59(g)、(h)]。

现代玻璃材料种类的多样性给设计师提供了无限的创造性与可能性。玻璃可以呈现出透明、半透明、镜面反射的效果。根据环境的要素和设计意图的不同,玻璃的艺术形态可千变万化[图13.59(i)、(j)]。

说起塑料,有可能让人联想到低劣的、不环保的材料。但是科技的进步推动了材料的发展,有部分塑料如聚氟乙烯正被视为设计师合法使用的材料。如国家游泳中心"水立方"的外立面,就使用的这种塑料。它具有重量轻、耐用、安全和透光等多方面的优点,越来越多的设计师开始重视这种现代材料。这种色彩丰富的材料给景观赋予不同寻常的美感[图13.59(k)—(n)]。

(a)

(b)

(c)

(d)

(e)

(f) (g) (h)

(i) (j)

(k) (l)

（m）

（n）

图 13.59　现代化材料在园林景观设计中的运用

课程作业

题目:材质的表现力——体验感受各种材料并讨论。

要求:3 个同学为一个小组,结合生活中能接触到的材料或者一些设计作品中的材料,思考材料的特性和表现形式以及材料对我们的影响。

14 构成形式与表现

14.1 线立体构成表现

14.1.1 线体线层构成设计

用直线制作的立体构成造型会使观者产生硬质、呆板的感受;用曲线制作的结构会使观者产生柔软、优雅的感受。相同造型的线,却可以有粗糙的或光滑的质感,线的表面质感对造型效果有很大的影响。

线通过拉伸、垒积、框架、线层等形式可塑造出立体的效果(图 14.1—图 14.2);

实例中采用硬质木的条状线材,采用一点发射,沿一定的方向轨迹,做有秩序的移位层排列(图 14.3);

线体的构成包括线层构成、垒积构成、框架组构、线群拉伸等(图 14.4—图 14.6);

线层构成的基本形式有垂直重叠、错位层叠和移位层叠(图 14.7)。

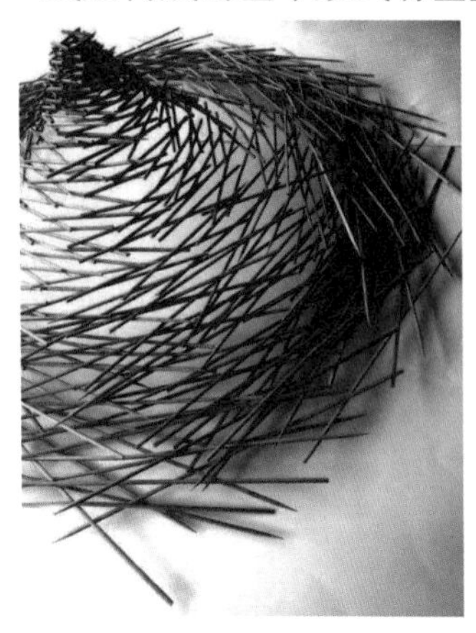

图 14.1 线条的垒积

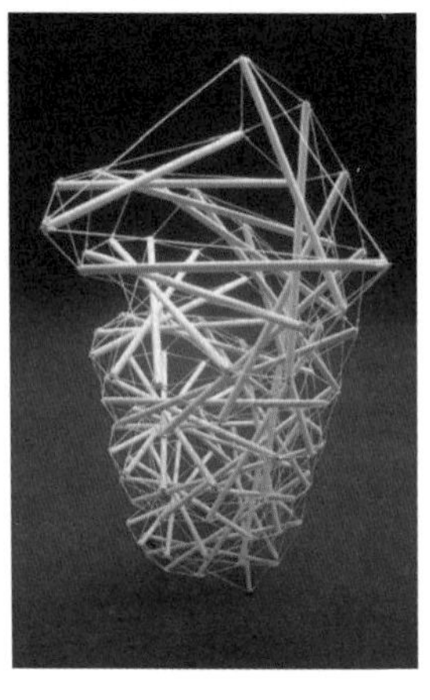

图 14.2 线条框架重叠

图 14.3 木棍的线层构成

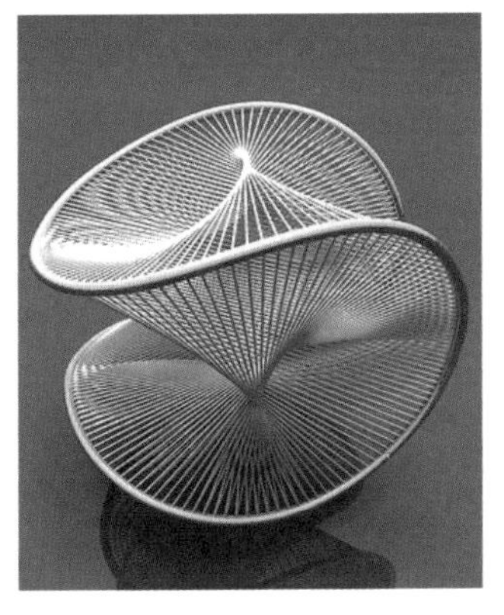

图 14.4 线条在弧线上的拉伸

图 14.5 线群的多方向拉伸

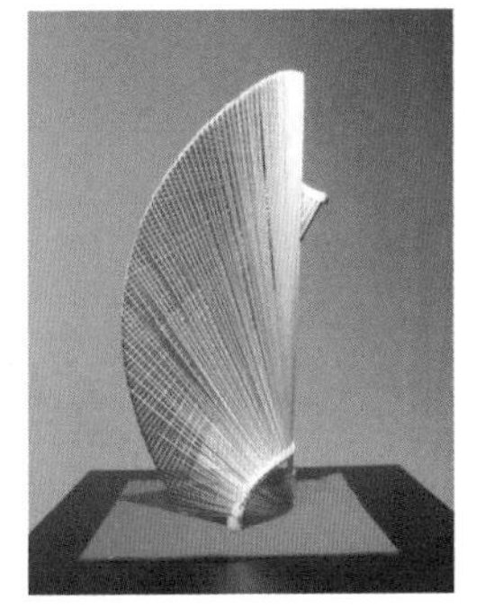

图 14.6 交错线群的拉伸

图 14.7 线条的移位层叠

14.1.2 线体垒积构成设计

线的垒积构成设计是将不同形式的线通过某种特定的方式垒叠起来形成新的立体造型。垒积构造的基本方式有重复垂直叠加、错位叠加、移位叠加等(图 14.8—图 14.11)。采用移位叠加的组构方式可以制作出丰富的造型,但线体单元的形状和大小并没有改变。

立体构成中有很多组构方式,在一个造型当中可以运用一种组构方式,这样比较容易掌握,运用两种及以上就比较难把握。

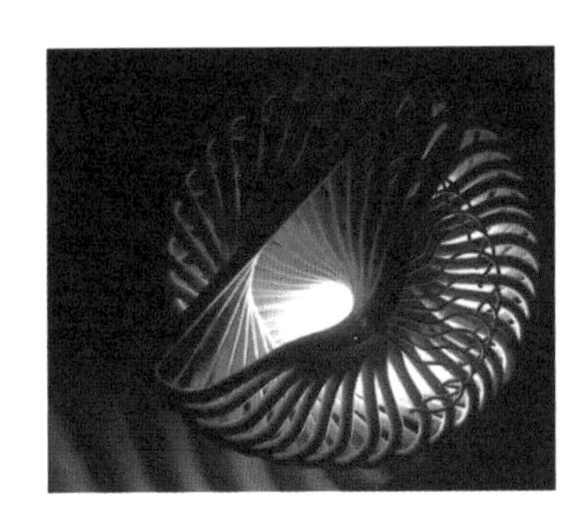

图 14.8 线条渐变垒积

图 14.9 线条错位层叠

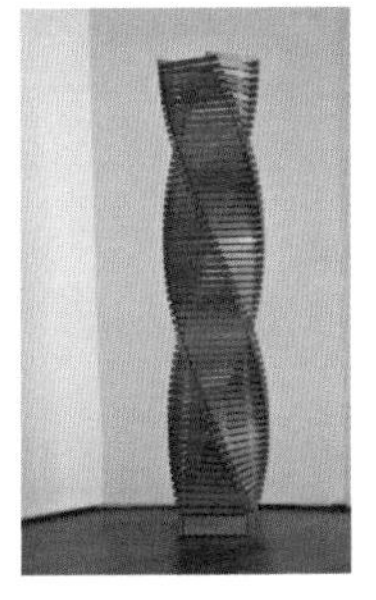

图 14.10 线条错位垒积

图 14.11 线条交错垒积

14.1.3 线体框架组构设计

线体框架组构的空间造型也是线体构造的一种形式。用线先构筑单元框架的形态,再把这些框架组合起来制作成一个有优美造型的立体构成作品。单元框架一般个数不少于8个,太少则无法构成变化丰富的空间效果(图14.12—图14.15)。

多个单元框架形态从大到小渐变能通过线框内置组构,产生丰富的框架组构的立体造型(图14.16)。

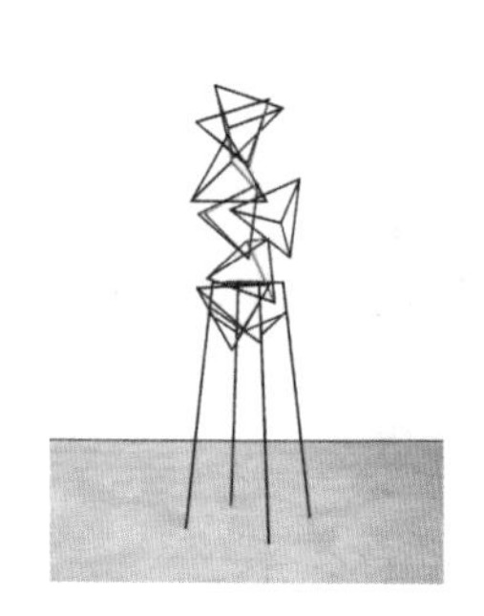

图14.12 三棱锥框架构成

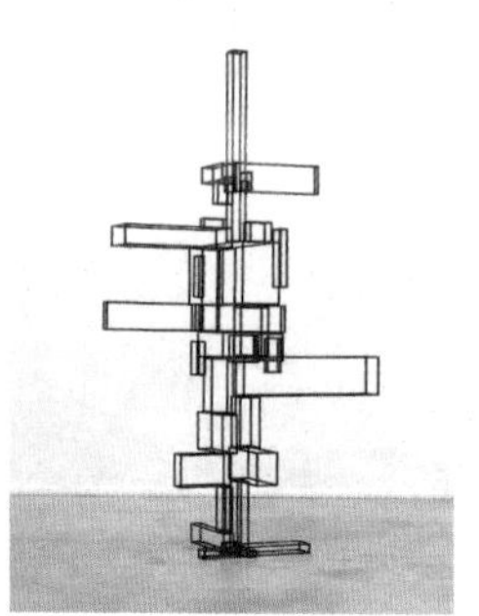

图14.13 长方体框架构成

图14.14 三角形框架构成

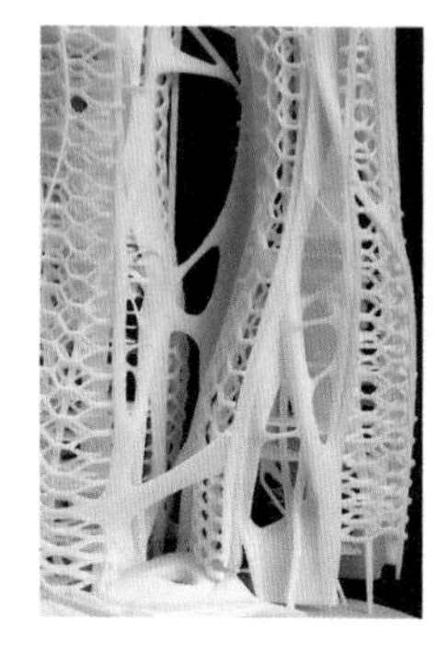

图14.15 有机体框架结构

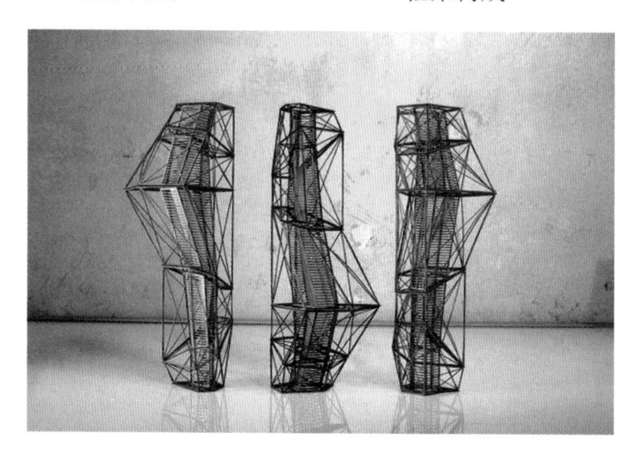

图14.16 渐变交错框架结构

课程作业

线立体构成作业项目要求:

了解立体构成中线造型要素的概念;

掌握线的构成方式;

掌握线的表达方式与构成特点;

学会用线材来进行设计应用(图14.17)。

题目1:线体线层构成设计

要求:采用线层构成方式,选择各种合适的硬质线形材料,如金属丝、筷子、小木棍、牙签、吸

管、竹条、冰糕棒、笔芯等线材不少于20根。塑造出造型优美、结构均衡稳定的立体形态。

题目2:线群拉伸构成设计

要求:采用线群拉伸构成方式,选用线材不少于20根,线体尽量拉直,形成弧形的面并围合成有张力的空间。不同组的线群之间要互相穿插和遮挡,体现软性线材轻巧和优雅的特点,形成富有层次感和韵律感的空间结构。

题目3:线体垒积构成设计

要求:采用线体垒积构造方式,采用线体数不少于25根,有规律地进行排列和累加,不要形成封闭形态。立体造型材料可采用筷子、牙签、塑料吸管、冰糕棒、废笔芯等材料。要求最终造型在任何角度都有一定的空间美感。

题目4:框架组构构成设计

要求:采用框架组构构成方式,先用线型材料制作出线框单体,线框框架单体简洁,单元框线体个数不少于8个。立体造型材料可采用金属、竹、木、藤、玻璃、塑料线体等。要求造型在任何角度都有一定的空间感和美感。

题目5:自由线体空间构成设计

要求:运用不同材质的线型完成构成作品。题材造型方式不限,造型具备三维空间形态特征,依据形式法则,表现出各种节奏和韵律,创造出具有视觉美感和一定秩序感的空间形态造型。

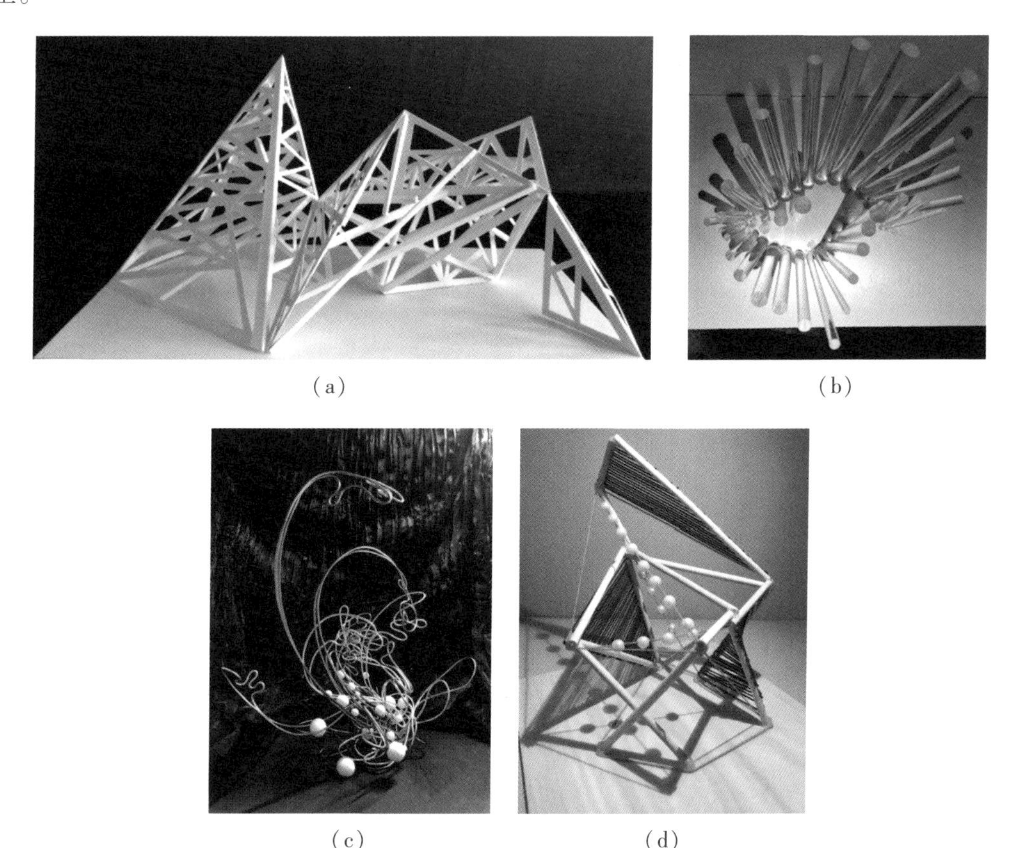

(a)　(b)

(c)　(d)

(e) (f)

(g) (h)

(i) (j)

图 14.17　学生作业

14.2　面立体构成表现

14.2.1　面材立体插接构成设计

立体插接是将面材的相应部位设置插槽，预留插口，然后利用插口面和面之间进行连接组构的立体造型。

首先要考虑每个面的形状以及面与面之间的衔接关系，插槽的长度、深度及位置，组构后的造型形态。插接缝的位置决定造型的外形，几何形状的插接组构会形成紧凑、稳定的效果；异形面状的插接会形成自由变化的效果（图 14.18—图 14.23）。

图 14.18　异形面的插接

图 14.19　圆形面的插接

图 14.20　圆环面内部插接

图 14.21　面的错位插接排列

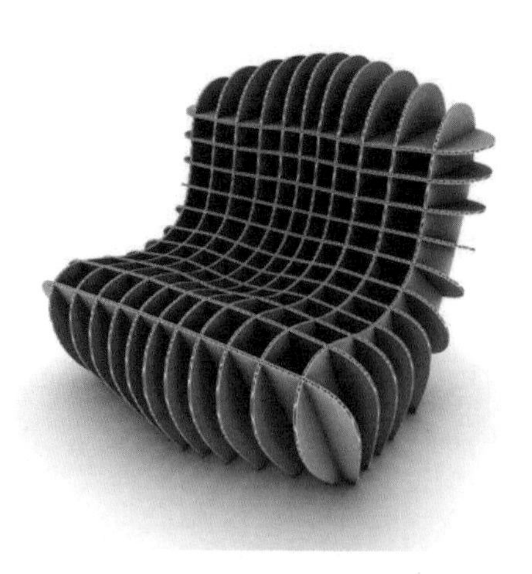
图 14.22　使用插接方式设计的凳子

图 14.23　多重插接的互动雕塑

14.2.2　层面排列构成设计

以一个基本形状为基础单元,用若干块相同的面型板材进行连续有规律的排列,形成一个立体形态。

首先要确定基础的面形状,再使用切割、剪切、刨锯等方法,对不同形态的平面进行切割,切割方式会影响基本面的状态,可以使其产生不同的边缘状态,如光滑的或粗糙的、弯曲的或尖锐的。

排列构成的基本面形可以是直面、曲面、折面。层面的形状可以用重复、近似、渐变等手法做规律性变化。面的排列方式可以采用平行、发散、旋转、弯曲等方法(图 14.24—图 14.29)。

图 14.24　异形面的平行排列

图 14.25　面的平行位移排列

图 14.26 围绕中心点排列的面

图 14.27 异形面的旋转排列

图 14.28 面的旋转排列

图 14.29 面的扩展排列

14.2.3 柱体构成设计

柱体指的是平面的材料通过弯曲或折叠加工,并将两端粘合在一起,围合成上下贯通的筒形结构。柱体表面的起伏变化是塑造整体造型的关键,柱面、柱棱、柱端的变化都是围绕着柱身的形状造型进行的。

柱体的主要构成方法分为三类:柱面变化、柱棱变化和柱端变化(图 14.30—图 14.35)。

柱面的变化中,圆柱的柱面较大,没有棱和角的限制,实施造型的自由度较大,但是难度也较大。

柱棱的变化主要针对有棱的柱体,三棱柱、四棱柱等。主要采用的方法是柱棱单线变复线、不平行柱棱、曲线式柱棱、折线式柱棱、附有形态的花样棱线等。由于棱和棱之间有面的分割,因此更容易对整体进行把握。

图 14.30　柱端变化

图 14.31　综合对称变化

图 14.32　柱面变化

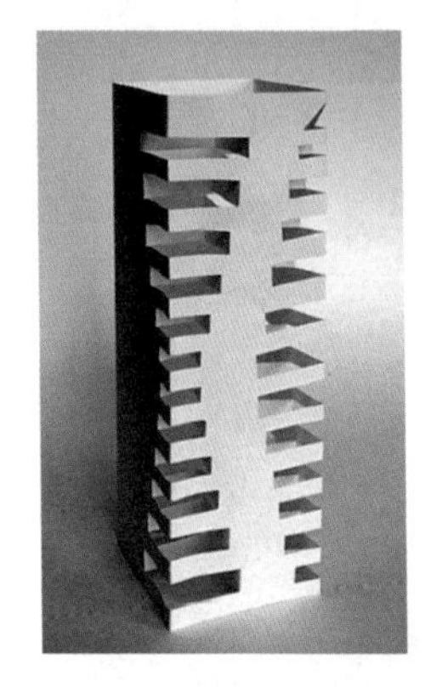

图 14.33　柱棱变化

图 14.34　柱棱的多层次变化

图 14.35　柱体构成设计的灯饰

14.2.4　几何多面体变异体设计

几何多面体包括正四面体、正六面体、正八面体等多面体。设计方法为对其表面、棱边、棱角进行处理，使整体造型有更加多样的层次变化。

将多面体的平面经过透刻、切割拉伸、折叠、延面接边等处理，可以构成美观的多面体形态（图 14.36—图 14.40）。

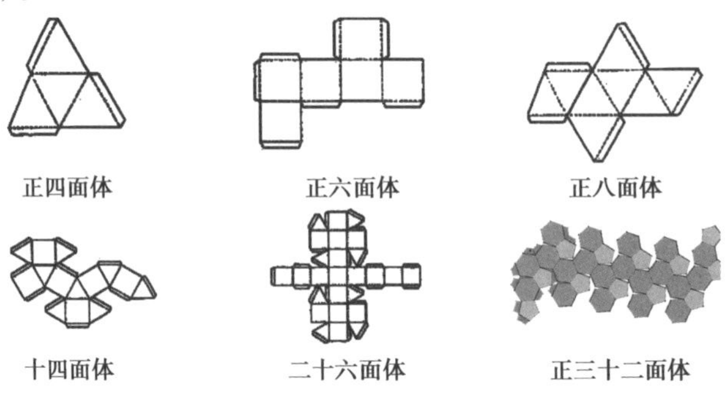

图 14.36　多面体的平面展开图

图 14.37　正八面体构成设计

图 14.38　多面体镂空设计

图 14.39　多面体变异设计

图 14.40　多面体延面接边设计

课程作业

面立体构成作业项目要求：

掌握立体构成中面立体构成的特点；

掌握面材构成的方式；

学会用面材构成来进行设计应用(图 14.41)。

题目 1：柱体构成

要求：采用柱体构成方式，按照柱面、柱端、柱棱变化的造型方法，进行柱体构成练习。注意整体的立体效果及造型的变化，材料可选用容易加工的特种纸、卡纸和吹塑纸，但要保证成品能够有稳定的结构。

题目 2：面材定型插接

要求：采用面材插接构成方式，选择一种几何形状为单元(圆形、菱形、平行四边形等)，在其上设置切口，利用单元形和切口，按照面材插接组合规律进行组合。单元面材数量不得少于 15 个，立体造型材料可选用卡纸、塑料板、吹塑纸、木板、亚克力板等。

题目 3：自由形体不定型插接

要求：采用面材不定型插接构成方式，自由设计一种异形的形状为单元，其形状、大小可以一致，也可以近似、渐变，表现形式要求简洁、轻快、现代，但要注意自由形体的插接不能脱离形式美法则。

题目 4：几何多面体变异体构成

要求：采用几何多面体变异体构成方式，以正六面体和正八面体或者正十二面体为基本结构形态，做各种几何变异体造型，造型结构应新颖美观、整体统一。

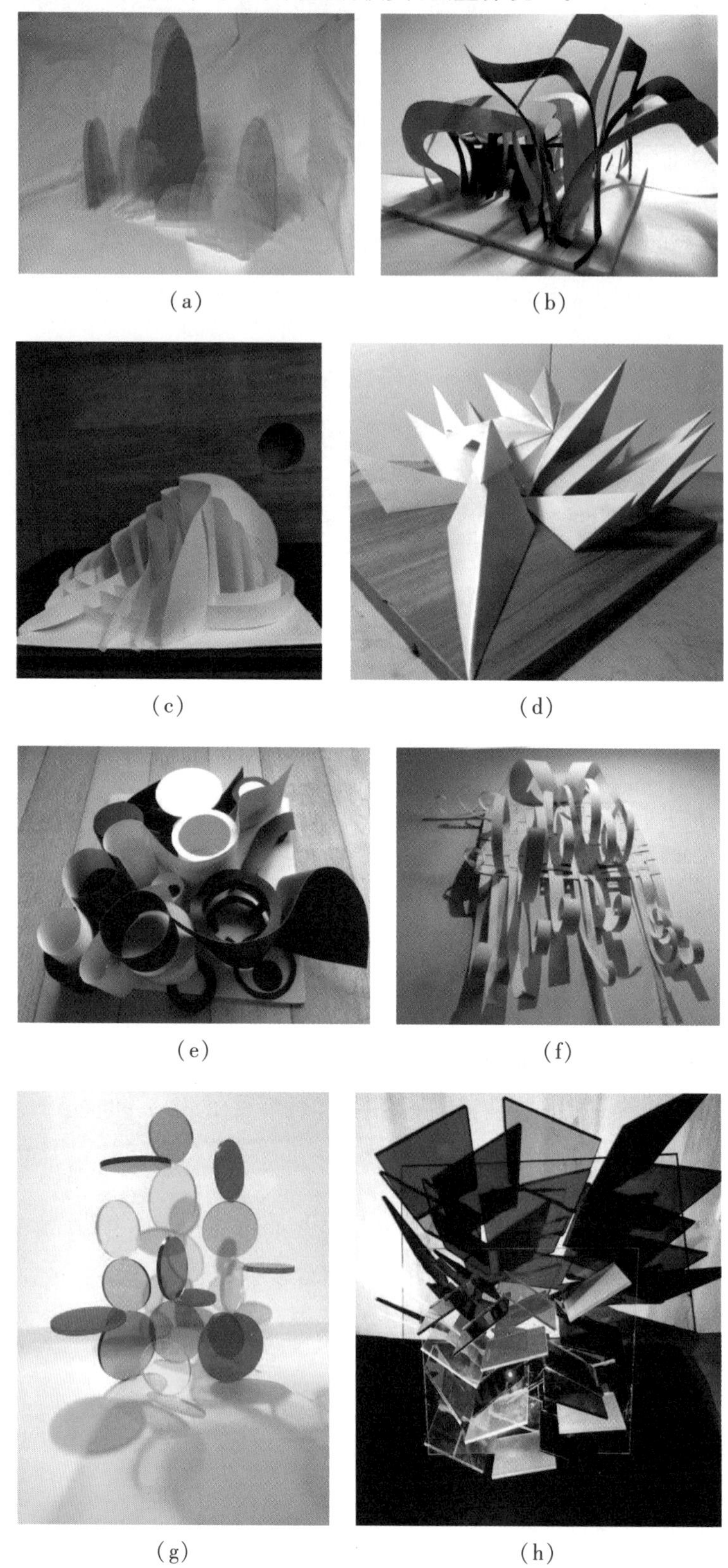

(a) (b) (c) (d) (e) (f) (g) (h)

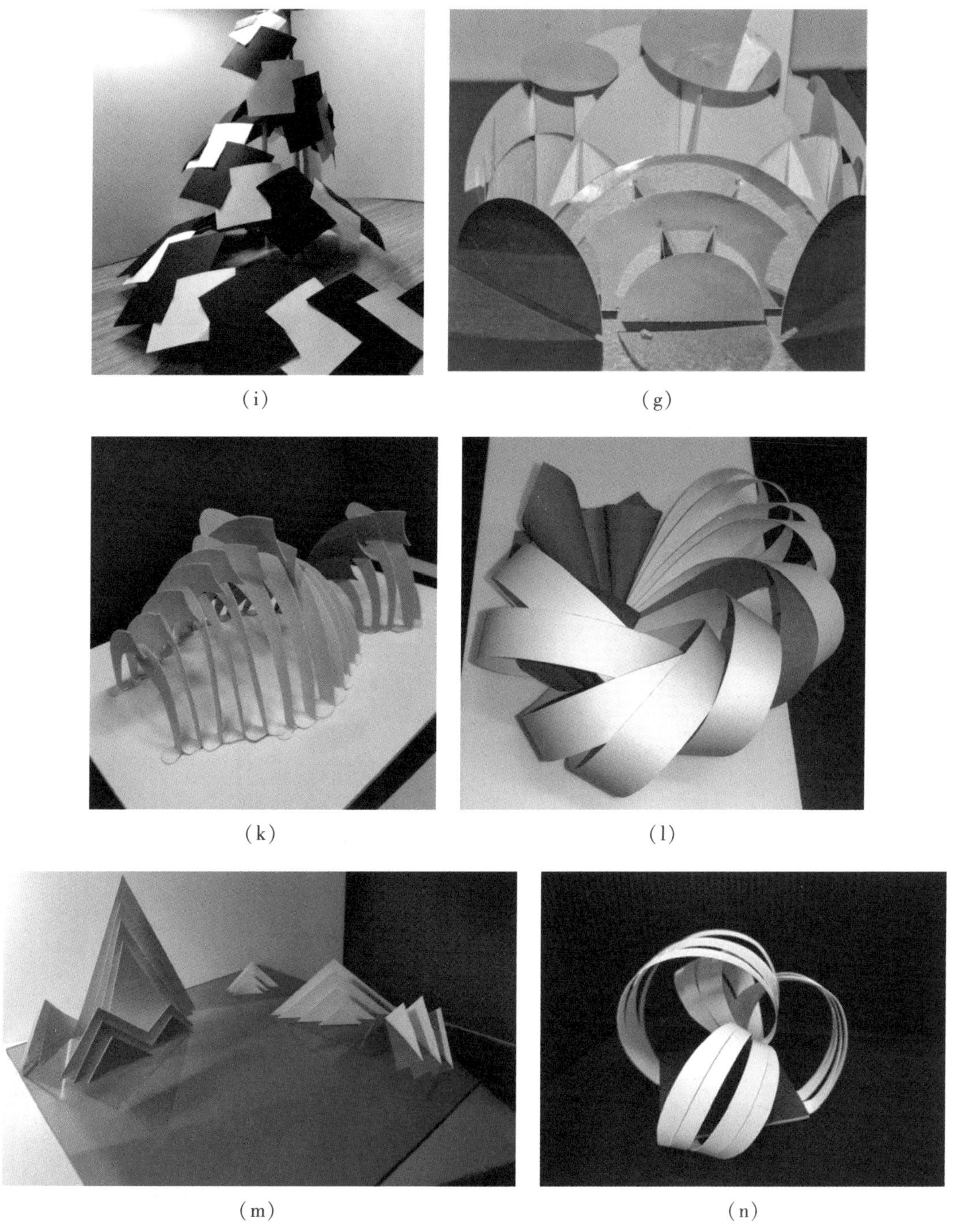

(i)　(g)

(k)　(l)

(m)　(n)

图 14.41　学生作业

14.3 块体构成表现

14.3.1 块体积聚构成设计

块体积聚构成,采用一定数量相似单体相互连接,按照一定的美学原理,经过一些规律的排列或旋转,运用垒积的手段组成具有一定美感的立体造型。具有三度空间的块状单体是组构立体空间的基本单位;块体的立体积聚构成主要包括单体相同的重复组合和不同单体的变化组合。

采用重复、近似形的构成方法比较简单,连接方式可采用角对角嵌入相接、边与边、边与角连接或面连接,再进行方向或位置的变化。不同单体的变化组合有一定难度,连接方式更灵活多变,最终造型也不容易把控,所以需要多尝试多比较。块体的积聚构成在应用重复或近似形的时候,整体的体量感较强。单体在组合时也可采用自由式积聚方式,是以单元多面体为基本形,按照形式法则,在高低、疏密、直曲、方圆等方面进行变化(图 14.42—图 14.47)。

图 14.42 近似块体的积聚构成

图 14.43 不同造型体块的积聚构成

图 14.44 大小渐变体块的积聚

图 14.45 浮雕式体块积聚

图 14.46 大小变化的体块疏密积聚

图 14.47 体块镶嵌积聚

14.3.2　块体切割构成设计

对已有的块体立体形态进行多种形式的分割，从而产生各种新的琐碎的立体形态，再将这些形态重新组织为一组立体空间造型，这样的构成手段又称为解构(图 14.48—图 14.55)。

把一个整体形态切割成一些基本形进行再构成的过程需要考虑到切割后的单体是否有联系。分割立体形态时，要考虑切割后的数量和大小恰当，太多易造成过于凌乱琐碎。

体块切割包括自由式切割和几何式切割。自由式切割是在简单的形体上重新创造出一种更灵活美观的新形态。

图 14.48　体块几何排列切割

图 14.49　体块自由切割

图 14.50　体块大小排列切割

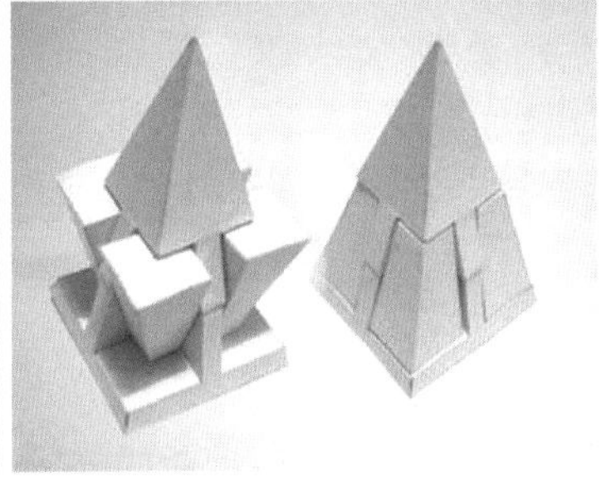

图 14.51　体块切割重构

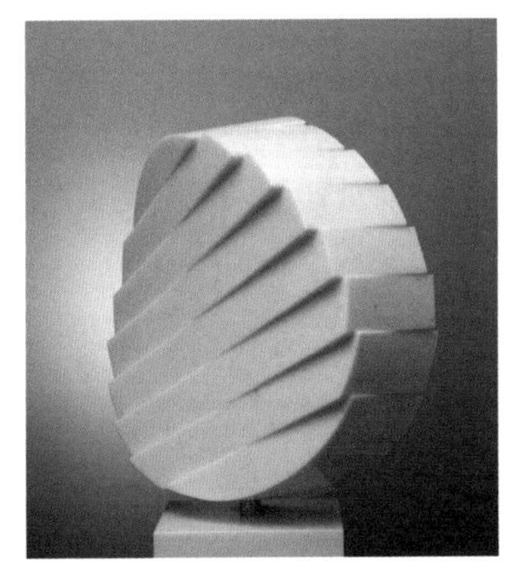

图 14.52　体块切割偏移

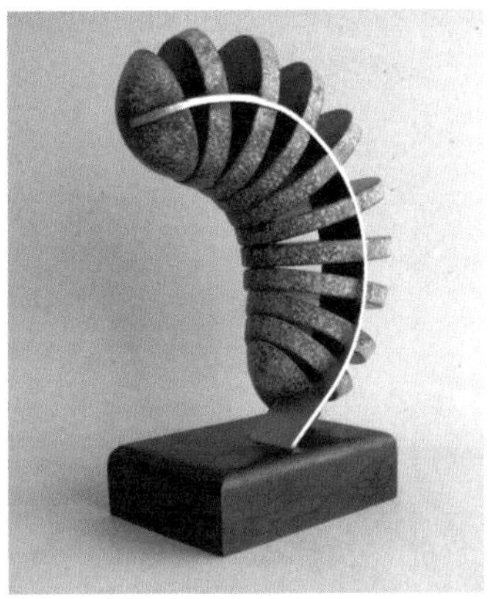

图 14.53　体块切割弯折

图 14.54　体块自由切割重构　图 14.55　体块几何切割平移

课程作业

块体构成作业项目要求：

了解块体造型要素的概念；

掌握块体构成形式及其特点；

掌握块体立体组构的方式；

学会用块体来进行立体造型设计(图 14.56)。

题目 1:块体积聚构成

要求:采用块体积聚构成方式,选择 10 个以上块体单元,进行积聚练习。形体可以是完全相同的,也可以是渐变形、重复形、相似形。选取各种块状材料,如木块、石块、塑料块等,按照美学原理运用加法构成方法设计制作出新的立体形态。

题目 2:块体切割重构

要求:采用块体切割构成方法,可选用泡沫块、黏土、橡皮泥、海绵、卡纸、胶泥、硬质塑料等方便加工的可塑性材料,任选立方体、圆球体、圆柱体、长方体等简单的形体,采用几何式切割或自由式切割,所有切割下来的立体形态均要用于重构组合。

题目 3:对比块单体积聚构成

要求:采用块体积聚构成方式,选择 15 个以上完全不同的块体单元,进行积聚练习。任选合适的对比因素(形状、色彩、黑白、材质、大小、动静、方向、疏密、粗细、曲直、轻重等),按照美学原理运用加法构成方法设计制作出新的立体形态。要求作品既能产生各种对比,又能做到整体造型上和谐统一。

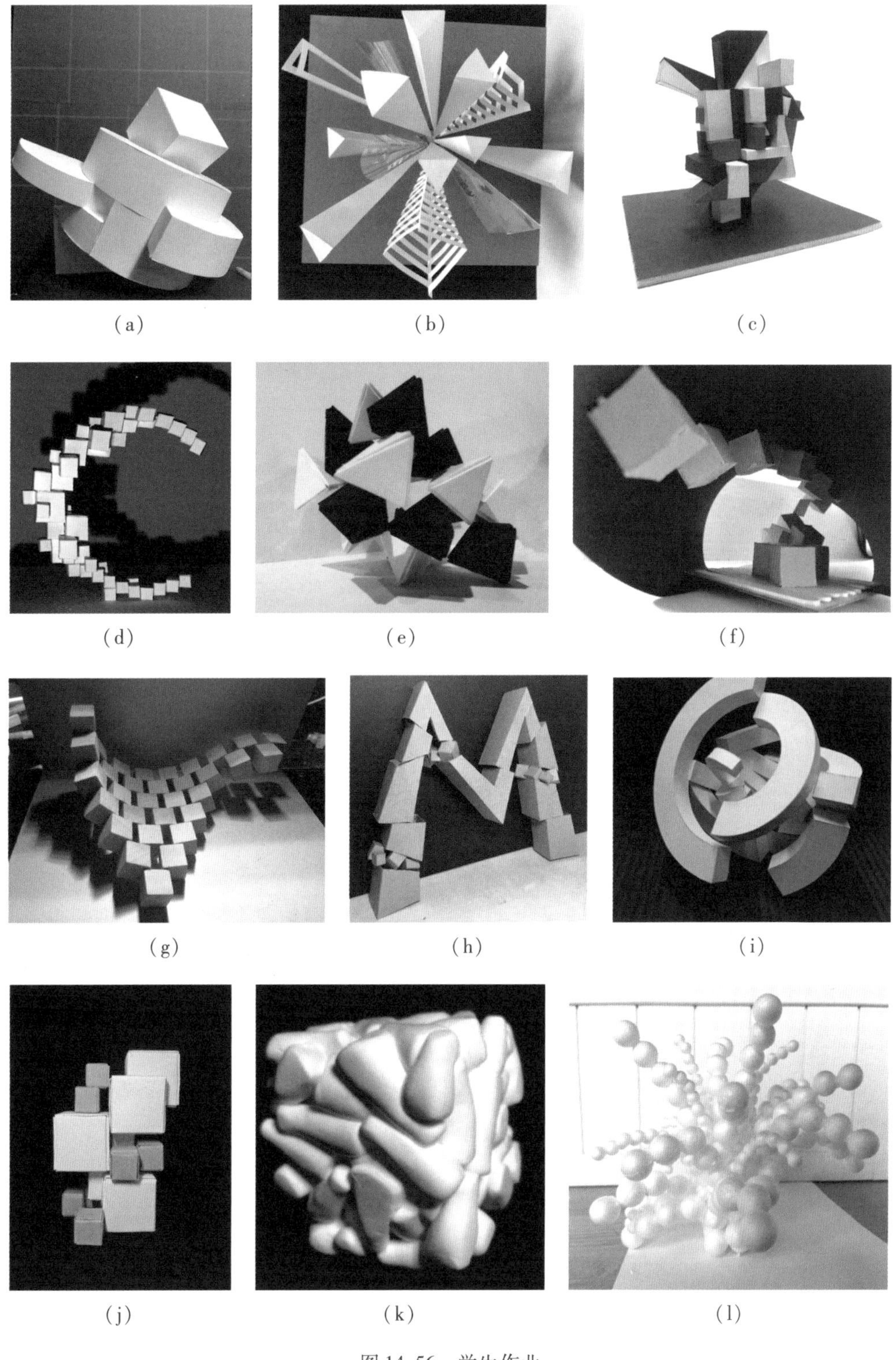

(a)　(b)　(c)

(d)　(e)　(f)

(g)　(h)　(i)

(j)　(k)　(l)

图 14.56　学生作业

14.4 综合构成

在立体构成中,将点、线、面、块体中两种或两种以上不同特征的形态组合为一个立体空间造型即为综合构成。

综合构成因为是由多种基本形态构成的,各构成要素之间存在对比关系,所以,在构成时要注意运用形式美法则,在多样中求统一,在统一中求变化。具体构成方式多种多样,常用的有:点面结合构成、线面结合构成、线块结合构成、面块结合构成、线面块结合构成。

14.4.1 点面综合构成

点面综合构成以点、面这两种构成形式载体,作为主要的立体构成元素。

点面综合构成案例:

西班牙的泡沫经济曾让很多居民遭受了冲击,当时一度有成千上万个黑漆漆的轮胎堆积成山,覆盖了超过10公顷的面积,形成一片无缝的黑海景观。本地艺术团队 CúMUL 利用这些回收来的旧轮胎完成了一个特殊的墙体装置艺术,名为“ONA”,艺术家让这些死气沉沉的黑轮胎完全换了个模样,也变得更加有艺术气息(图14.57)。

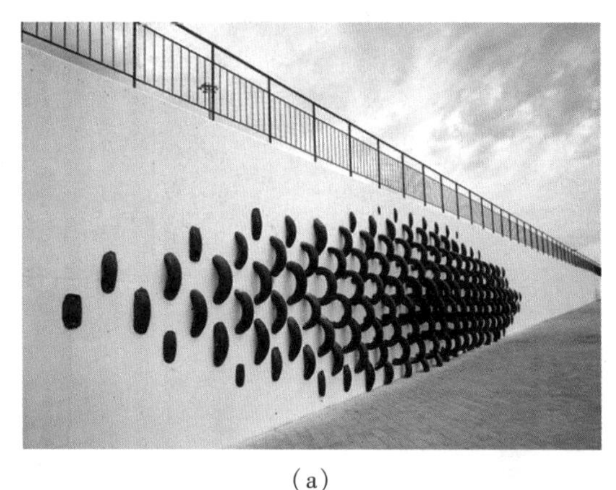

(a)

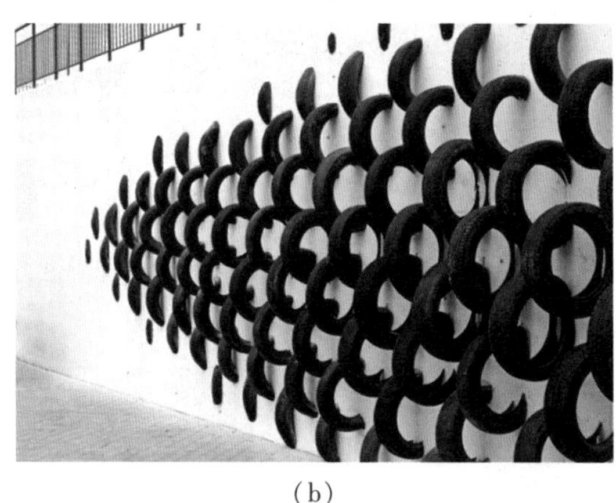

(b)

图14.57　西班牙墙面装置

课程作业

目的与要求:了解立体构成造型的形式美法则;

掌握综合构成组构规律及其特点;

掌握综合构成的组构方式;

学会用各种材质进行立体造型设计。

题目:点面构成

要求:结合之前学习的构成方法,运用点和面两种元素,将个人的构成概念进行表达,对立体构成作品进行制作。作品造型富有变化,着重表现空间的形体关系。作品大小为 20 cm×20 cm×20 cm(图 14.58)。

(a)

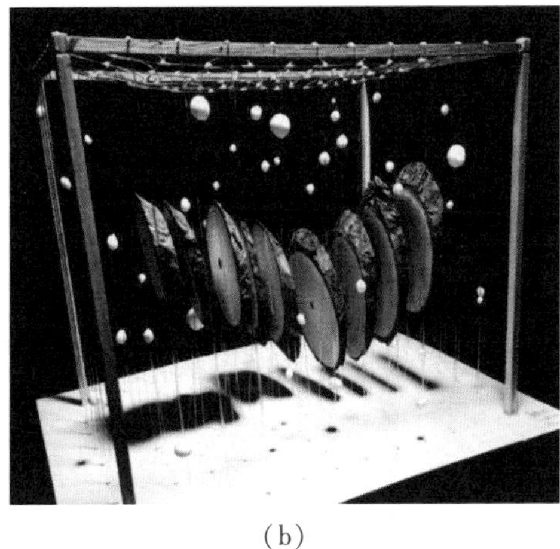
(b)

图 14.58　学生作业

14.4.2　线面综合构成

线面综合构成以线、面这两种构成形式载体,作为主要的立体构成元素。

线面综合构成案例:

2015 波士顿休闲日安装了一个装置,被命名为 sail boxes,它是一个临时的娱乐装置,是由 Virginia Melnyk 团队完成的。在该装置中,鲜艳亮丽的弹力布沿着竹制的箱型框架结构展开,还有各种各样的互动设施,创造了一个独特的游戏体验。因弹力布的布局呈现不规则性,因此远看该装置就像一个迷宫一样,孩子们在这里可以在弹力布上推推拉拉,以此来操纵整个结构(图 14.59)。

(a)

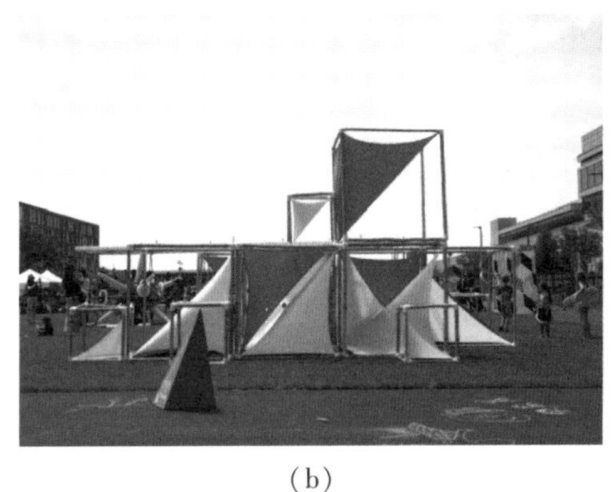
(b)

图 14.59　波士顿娱乐装置

课程作业

题目:线面构成

要求:结合之前学习的构成方法,运用线和面两种构成元素,将个人的构成概念进行表达,对立体构成作品进行制作。要求面材的应用不能只以载体的形式呈现,要同线材进行充分的融合,彼此协调统一地达成构成的理念。作品大小为 20 cm×20 cm×20 cm(图 14.60)。

(a)

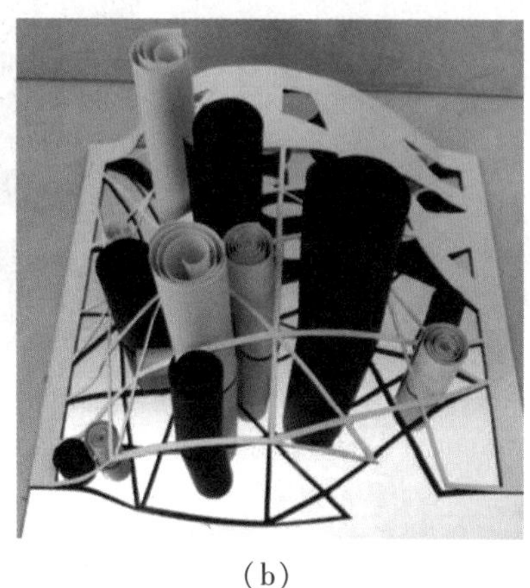
(b)

图 14.60　学生作业

14.4.3　块面综合构成

块面综合构成以面、块体这两种构成形式载体作为主要的立体构成元素。

块面综合构成案例:

澳大利亚艺术家 Geoffrey Drake-Brockman 以将机器人技术和激光技术融入他的作品而闻名。他的作品主要是以计算机技术支持的大型公共雕塑,是将独立的主题通过几何形和色彩为基础的组合型来表现的立体雕塑,让观众与艺术之间产生共鸣(图 14.61、图 14.62)。

图 14.61　公共艺术作品 Totem 局部

图 14.62　公共艺术作品 Totem 整体

课程作业

题目:块面构成

要求:结合之前学习的构成方法,将个人的构成概念进行表达,运用体块和面两种元素,对立体构成作品进行制作。面材的材质要与块体的材质特征有所对比,注重面与体之间的穿插,从而更好地实现最终作品的完整性。作品大小为 20 cm×20 cm×20 cm(图 14.63)。

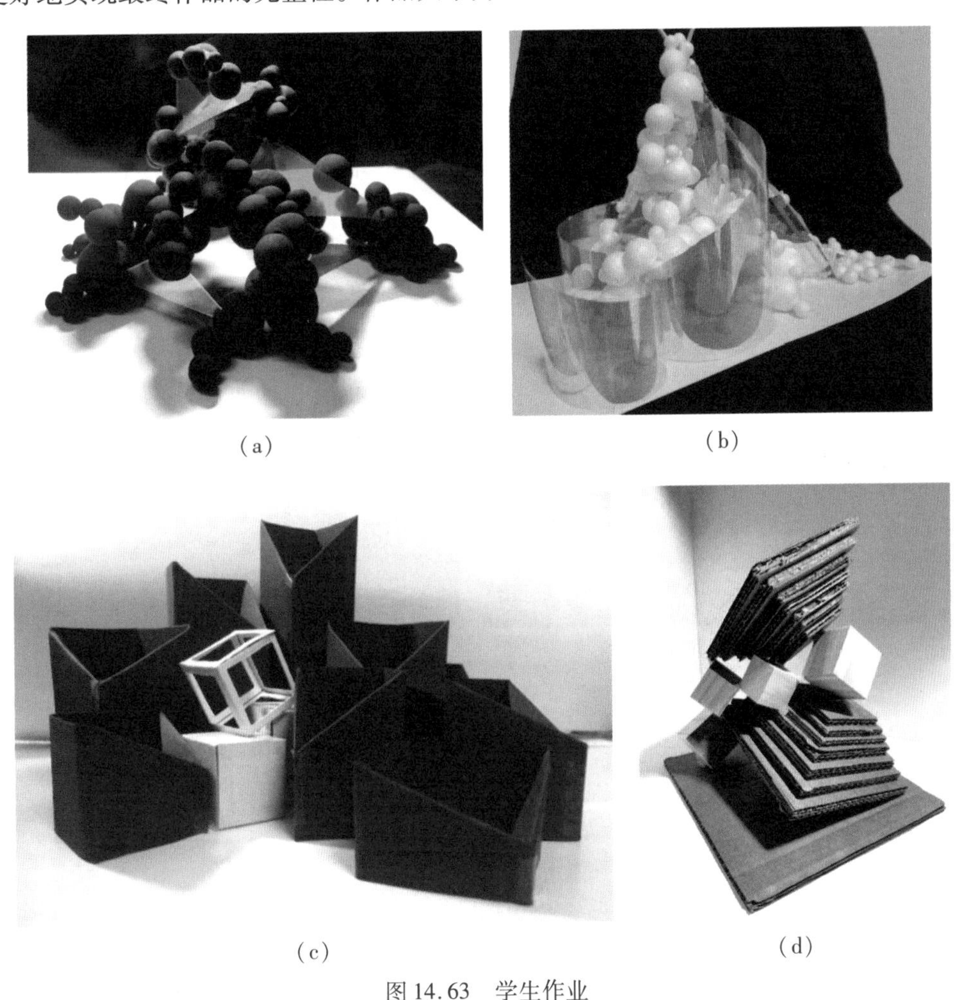

(a)　(b)　(c)　(d)

图 14.63　学生作业

课程作业

主题创意构成目的与要求:

能够灵活应用立体构成的手法阐述自己的观点;掌握各种材料的加工方式和材料之间的组合方式;掌握综合构成组构规律及其特点;掌握综合构成的组构方式;学会运用多种材质进行立体造型设计。

题目:以“未来”为主要创作设计理念,进行主题综合立体构成项目训练

要求:同学以小组为单位,3 名同学形成一个“团体”;引入立体构成的概念,具有合理的尺寸规格(立体构成的实际作品占用空间的体量);组内的成员做好分工,设定自己准备物品的功能指向;分头整理“未来”的文字概念,转化成为构成元素,并用符号化的形体进行表现;通过立体构成的方式将这些“物件”(立体构成的单体元素)重新进行排列组合,多维度展示空间形体穿插构成的美感;小组各成员之间的构成作品要相互协调、互补。

构成的方式也要有所差异,但彼此之间要达成一种风格的统一;将各自的构成作品放置在一起进行展示,并对个人的构成作品进行说明,将个人的构成设计理念,包括构成元素的确立、方法的应用、材质的选择等环节内容进行阐述。

学生作业 1

设计主题:现实与未来的对话,未来的世界并不是遥不可及的,在如今纷繁复杂的社会,心怀好奇心的人们,将理想寄托于未来,展开一次现实与未来的对话(图 14.64)。

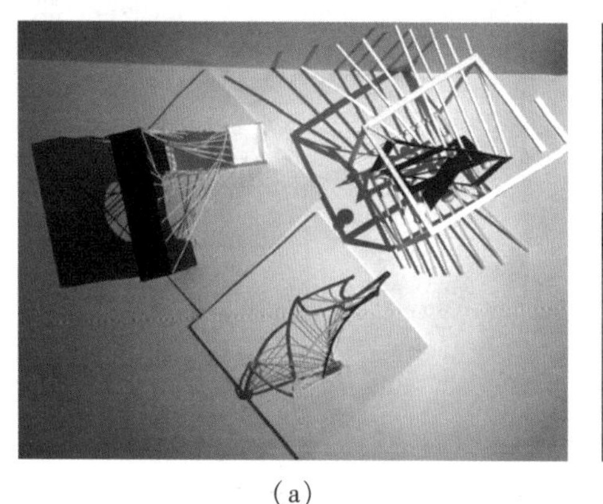

(a)

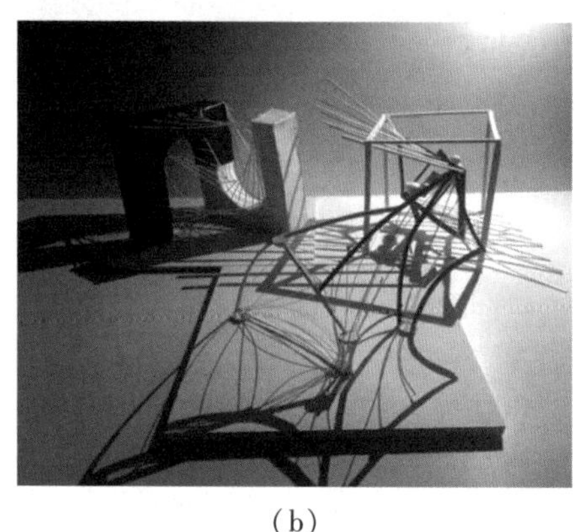

(b)

图 14.64　学生作业 1

学生作业 2

设计主题:永不停息的乐章!在未来,声音会是怎样一种形态?由不同声音构成的音乐又会为我们带来怎样的听觉盛宴?基于此,小组成员一起进行了畅想与创作,最终共同构建了想象中未来音乐的世界(图 14.65)。

(a)

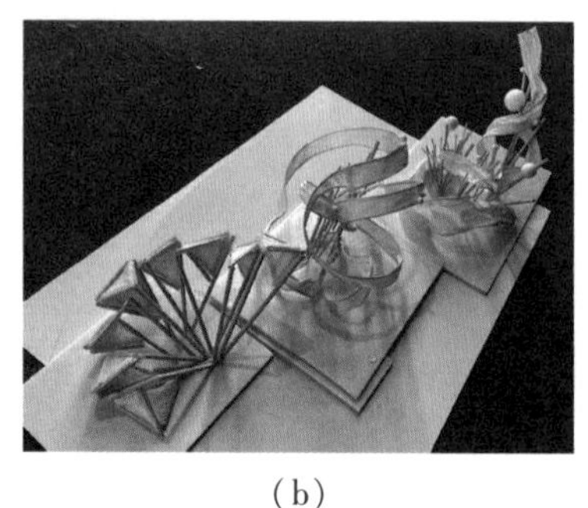

(b)

图 14.65　学生作业 2

参考文献

平面构成部分：

[1] 张鸿博，明兰. 平面构成[M]. 北京：清华大学出版社，2011.

[2] 高铁. 创意也许是个包袱——设计力量也源自极致经典[J]. 装饰，2013(04).

[3] 夏洁. 构成进行时——平面[M]. 南京：东南大学出版社，2010.

[4] 李铁，张海力. 平面构成[M]. 上海：东华大学出版社，2010.

[5] 卢世主. 城市景观艺术设计研究的主要内容及其意义 [J]. 华中科技大学学报(城市科学版)，2006(02).

[6] 尹安石. 景观格局与构成设计[J]. 装饰，2007(01).

[7] 刘同亮. 审美与实用的统一——设计的双重责任[J]. 艺术百家，2011(05).

[8] 韩晨平. 论景观艺术的动态特征[J]. 装饰，2005(06).

[9] 哈夫曼. 广告画构成设计[M]. 北京：朝花美术出版社，1992.

[10] 郑阳. 城市历史景观文脉的延续 [J]. 文艺研究，2006(10).

[11] 靳一. 论旧景观建筑保护和改造中的残缺文化[J]. 美与时代：美术学刊，2012(07).

[12] 陈军，傅长敏. 陶艺中的残缺美[J]. 中国陶瓷，2008(09).

[13] 刘西莉. 现代图形创意教学感悟点滴[J]. 西北美术，2002(02).

[14] 叶明辉. 视觉艺术中的残缺美[J]. 理论月刊，2006(06).

色彩构成部分：

[1] 任成元. 设计色彩[M]. 北京：人民邮电出版社，2019.

[2] 陈晓艳. 设计色彩[M]. 南京：东南大学出版社，2015.

[3] 王伟，徐碧珺. 色彩构成设计[M]. 北京：人民邮电出版社，2014.

[4] 崔丹婧. 刍议伊顿对包豪斯基础课程的贡献及影响 [J]. 学周刊，2012(10).

[5] 白芸. 色彩 · 视觉与思维[M]. 沈阳：辽宁美术出版社，2014.

[6] 张如画，黄哲雄，刘有全. 色彩构成[M]. 石家庄：河北美术出版社，2015.

[7] 廖景丽. 色彩构成与实训[M]. 北京：中国纺织出版社，2018.

[8] 刘海洋. 色彩基础[M]. 北京:中国轻工业出版社,2017.
[9] 娜达利娅. 色彩心理学[M]. 郑夏莹,译. 石家庄:河北美术出版社,2015.
[10] 郭大耀. 景观植物色彩的组合与设计刍议[J]. 北方美术:天津美术学院学报,2010(02).

立体构成部分:

[1] 朝仓直巳. 艺术设计的立体构成[M]. 林征,林华,译. 南京:江苏凤凰科学技术出版社,2018.
[2] 徐恒醇. 设计美学[M]. 北京:清华大学出版社,2006.
[3] 陈祖展. 立体构成[M]. 北京:清华大学出版社,北京交通大学出版社,2011.
[4] 王守之. 世界现代设计史[M]. 北京:中国青年出版社,2002.
[5] 杰克逊. 立体设计的裁切与折叠技术[M]. 李惠敏,译. 北京:文化发展出版社,2015.
[6] 布鲁克,斯通. 形式与结构[M]. 燕文姝,译. 大连:大连理工大学出版社,2008.
[7] 邱松. 立体构成[M]. 北京:中国青年出版社,2008.
[8] 洪雯,孙宜阳,刘可. 立体构成[M]. 北京:中国青年出版社,2017.